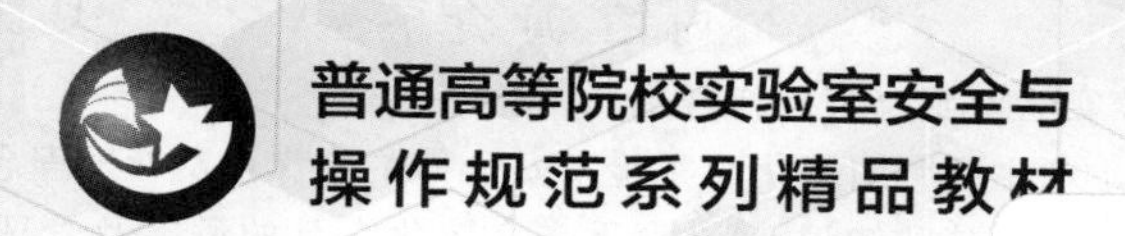

化学实验室安全与操作规范

主 编 鲁登福 朱启军 龚跃法
编 委 熊 辉 何 丹 黄雅雯 付世涛

華中科技大學出版社
http://www.hustp.com
中国·武汉

内容简介

本书是普通高等院校实验室安全与操作规范系列精品教材。

全书共分为8章，第1章主要介绍与化学实验室安全相关的背景及管理理念，第2章主要讲述燃烧的原理、分类和危害以及相关的消防知识，第3章重点介绍化学品的危害及管理办法，第4章和第5章主要讲解化学实验室中的基本操作规范及废弃物的处理方法，第6章和第7章重点介绍了化学实验室中常用仪器设备的安全操作规范，第8章则介绍了化学实验室中可能发生的事故及相应的应急处理方法。

本书可作为化学及相关专业本科生和研究生的安全培训教材，也可作为化学研究人员、实验室管理人员的参考书。

图书在版编目(CIP)数据

化学实验室安全与操作规范/鲁登福，朱启军，龚跃法主编．—武汉：华中科技大学出版社，2021.7（2023.7 重印）

ISBN 978-7-5680-7189-5

Ⅰ．①化… Ⅱ．①鲁… ②朱… ③龚… Ⅲ．①化学实验-实验室管理-安全管理-高等学校-教材 Ⅳ．①O6-37

中国版本图书馆 CIP 数据核字(2021)第 110720 号

化学实验室安全与操作规范　　鲁登福　朱启军　龚跃法　主编

Huaxue Shiyanshi Anquan yu Caozuo Guifan

策划编辑：罗　伟

责任编辑：李　佩

封面设计：原色设计

责任校对：刘　竣

责任监印：周治超

出版发行：华中科技大学出版社(中国·武汉)　　电话：(027)81321913

武汉市东湖新技术开发区华工科技园　　邮编：430223

录　　排：华中科技大学惠友文印中心

印　　刷：武汉市籍缘印刷厂

开　　本：787mm×1092mm　1/16

印　　张：9.5

字　　数：217 千字

版　　次：2023 年 7 月第 1 版第 2 次印刷

定　　价：39.00 元

普通高等院校实验室安全与操作规范系列精品教材丛书编委会

网络增值服务使用说明

欢迎使用华中科技大学出版社医学资源网yixue.hustp.com

1.教师使用流程

（1）登录网址：http://yixue.hustp.com（注册时请选择教师用户）

注册 → 登录 → 完善个人信息 → 等待审核

（2）审核通过后，您可以在网站使用以下功能：

2.学员使用流程

建议学员在PC端完成注册、登录、完善个人信息的操作。

（1） PC端学员操作步骤

①登录网址：http://yixue.hustp.com（注册时请选择普通用户）

注册 → 登录 → 完善个人信息

② 查看课程资源

如有学习码，请在个人中心-学习码验证中先验证，再进行操作。

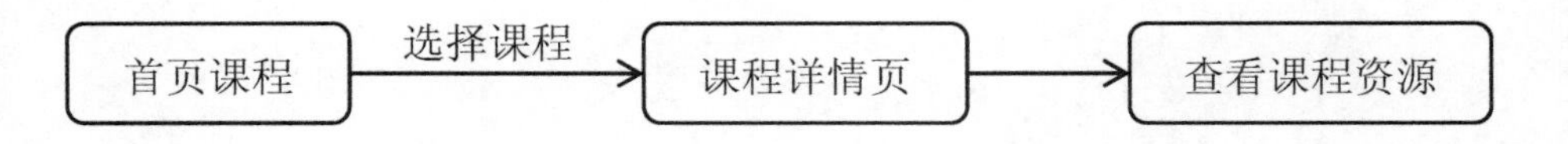

（2） 手机端扫码操作步骤

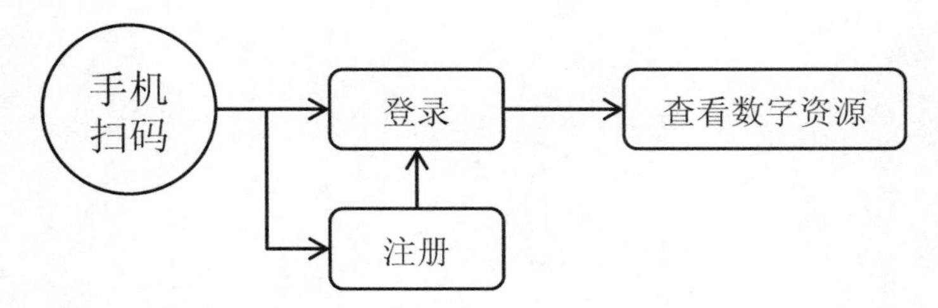

总序

Zongxu

高等院校实验室安全，与教学、科研、大学排名相比，孰轻孰重？毫无疑问，安全永远居第一位。对于大学而言，安全是1，教学、科研、大学排名、专业排名、出人才、出成果等均是1后面的0。对于大学师生来说，也是一样，安全与健康是人生的1，家庭、事业、地位、成就等，是1后面的0。若1不存在了，后面的0就是空，只有有了前面的1，后面的0才有意义。1乃生命之树，0乃树上之花，树若不在，花何以存？！

然而，知易行难。

2018年12月，北京某大学环境工程实验室进行垃圾渗滤液污水处理实验时发生爆炸，事故造成3人死亡。2016年9月，位于松江大学园区的某大学化学化工与生物工程学院一实验室发生爆炸，两名学生受重伤。2015年12月，北京某大学一名博士后在实验室内使用氢气做化学实验时发生爆炸，不幸遇难。2015年4月，位于徐州的某大学化工学院一实验室发生爆炸事故，多人受伤，1人死亡。2012年1月佛罗里达大学一实验室发生爆炸，一名博士生面部、手部和身体严重烧伤。2010年1月，美国得克萨斯理工大学化学与生物化学实验室发生爆炸，一名学生失去三根手指，手和脸部被烧伤，一只眼睛被化学物质灼伤。2010年，东北某大学师生在实验中使用了未经检疫的山羊，导致27名学生和1名教师陆续确诊布鲁菌病。2009年，浙江某大学化学系教师误将本应接入307室的CO气体通入211室的输气管，导致一名学生中毒死亡。

惨痛的事故教训表明，98%的实验室安全事故是“人的不安全行为”引发的，包括相关的领导和实验人员的不重视、安全管理松松垮垮、安全知识学习不认真、安全培训不扎实、安全防范不到位等。所以，对于高校的各级领导和教职工来说，不顾及、不重视实验室安全工作，就等于“谋财害命、违法犯罪”，其所谓的教学科研不仅无益于人才培养，反而悖逆教育宗旨、祸害学生、贻害社会。对于高校的学生来说，不顾及、不重视安全及风险防范的实验工作，就等于“自害自杀”，害己害家，这不是勇敢，而是鲁莽、草率和不负责任。每一名因事故受伤害的师生，都牵连着一个或多个家庭的幸福与未来；每一桩安全事故，都会造成社会大众对高校内部治理能力的质疑与高校社会形象的巨大贬损。

实验室安全，责任如山；安全无小事，责任大如天。最大限度消除“人的不安全行为”，最大限度保障实验室安全，涉及许多方面的工作，也是见仁见智。最基础的共性工作肯定离不开安全知识的学习、安全操作规范的培训，以及制度保障和软硬件支撑条件保障等。华中科技大学在实验室安全管理方面，近几年来不断提高认识，加强安全管理能力建设，构建了“1-3-3”安全管理模式，即一项认识、三项保障（组织保障、队伍保障、制度保障）、三个抓手（风险一口清、软硬件支撑条件建设、预防工作），积累了一些安全管理经验，也取得了一些成绩，学校实验室安全管理总体处于较好状态。这其中，有邵新宇书记、李元元校长、湛毅青副校长的大力支持、关心和指导，有实验室与设备管理处同志们的积极钻研、主动作为、默默奉献，更有各学院的书记、院长、安全员、实验室主任和其他教职工的明确责任、转变观念、履职尽责。

安全管理，没有最好，只有更好，永远在路上。为了进一步提高大学实验室安全管理水平，在校领导的支持下，华中科技大学实验室与设备管理处与华中科技大学出版社合作，组织部分院系专家分学科编写实验室安全与操作规范，并力争形成系列丛书，为各个学科的实验室安全知识学习及操作规范培训提供教材。本丛书的特点包括突出学科性，紧密结合学科实验实际，重视安全操作基本规范的教育，图文并茂。

感谢华中科技大学化学与化工学院、基础医学院、药学院、环境科学与工程学院、电气与电子工程学院、机械科学与工程学院、材料科学与工程学院、物理学院、公共卫生学院等学院领导和专家的辛勤付出。他们在工作之余，加班加点、尽心竭力，才使得这套丛书顺利出版。在这套丛书策划与组织编写的过程中，出版社傅蓉书记、王连弟副社长给予了大力支持和指导，在此一并表示感谢。

期待这套实验室安全丛书的出版能够助力包括华中科技大学在内的全国高等院校实验室安全管理再上新台阶！祝愿全国实验室天天平安、年年平安、人人平安！

李震彪

华中科技大学实验室与设备管理处处长

前言

Qianyan

化学实验室是提供化学实验条件及进行科学探究的重要场所。学习化学实验操作和研究化学物质离不开化学实验室。生命科学、材料科学、环境科学、医学以及药学等诸多学科领域都涉及化学品的使用,也离不开化学实验室。此外,化学实验室还配备有各种反应设备以及分析仪器,而且需要应对更加多变和未知的危险因素。因此,做好安全教育,增强全体实验人员安全防范意识,提高其安全知识水平,避免因不当使用各类化学品和仪器设备而引发安全事故,这是一项十分重要的任务。

本书从化学实验室安全的角度出发,图文并茂地介绍了化学实验室中常见的易燃、易爆、有毒、有腐蚀性、具有生物有害或放射性化学品的储存、使用和废弃物的处理等方面的知识,使用仪器设备提供高温、低温、高压、真空和强磁场等特殊实验条件时的规范操作和注意事项,以及典型的应急处理方法等。全书共分为 8 章,第 1 章介绍了与化学实验室安全相关的背景及管理理念;第 2 章主要讲述燃烧的原理、分类和危害以及相关的消防知识,介绍了多种典型的灭火方式和消防器材;第 3 章重点介绍化学品的危险属性和分类管理办法;第 4 章和第 5 章主要讲解化学实验室中的基本操作规范,包括实验前的准备、玻璃器皿和化学品的使用以及废弃物的处理方法;第 6 章和第 7 章重点介绍了化学实验室中常用仪器设备的安全操作规范;第 8 章介绍了化学实验室可能发生的安全事故以及相应的应急处理方法,并结合实际案例进行分析。

本书是华中科技大学实验室安全管理部门组织编写的安全教材之一,由化学与化工学院负责安全教学、安全管理以及化学实验示范中心的老师们共同编写而成,编写过程中紧密结合学校实验室实际情况,选择合适的案例。由于化学实验室的安全管理涉及知识面广,内容繁杂,编者的水平有限,书稿中难免存在疏漏和不妥之处,恳请广大师生批评指正。

编　者

前言

目录

Mulu

第1章　绪　　论

1.1　化学实验室安全文化

现代生活中的许多科技进步都源自新物质的发现与制备，在物质发现与制备方面，化学实验室发挥着关键作用。

从炼金术时代开始，实验室化学品的研制始终伴随着戏剧性和危险性。为了弄清科学真理，一些科学家不顾自己的安危，为科学献身。1890 年，著名化学家凯库勒曾说道："当我在他的实验室工作时，李比希说如果想成为一名化学家，就要做好牺牲自己健康的准备，否则难以取得成就。"

经过多年来经验的积累和技术的进步，目前常规的化学实验室已配备了特殊的环境控制和安全处理设备，开发出专门的程序和设备用以安全地处理和管理化学品，形成特定的管理体系和化学品管理措施。通过对实验室使用者的行为、实验室各种设备以及化学品的使用过程进行规范，逐渐形成了化学实验室安全文化。

化学实验室安全文化的形成使得化学工作者可以在安全和健康的环境中进行教学、研究和工作。有人认为安全文化是将安全知识的规范、学习、教育和宣传等内容有机结合，是人类进行安全活动而产生的安全观念、意识、精神和行为等的一种文化。它既与实际物质相关联，又与行为、物态和环境有一定联系。

然而，一些不法之徒利用化学品进行恐怖活动，这给实验室安全管理带来了新的挑战。因此，创立严格的化学实验室安全文化是十分重要的。化学实验室安全文化的创立需要依靠团队合作和个体责任的有机结合，是实验室工作人员的一种内在态度，而不仅仅是由制度规则驱动的外在行为。

化学实验室是为学生学习化学知识、提供实验技能训练和研究空间的重要场所，也是教师进行学术研究和教学的重要基地，是许多重要物质的制备场所，在人类社会发展中起到举足轻重的作用。安全实践教学是实验室诸多工作中的重要任务。因此，教师的实验教学有一个特殊的责任，就是培养学生强烈的安全意识、严谨的工作习惯和行为。这种安全文化是化学教育的重要组成部分，在化学工作者职业生涯中的作用是至关重要的。化学实验室安全文化意识的主要内容如图 1-1 所示。

促进化学实验室安全文化建设，需要以安全为重要前提，构建较为严密的责任体系，由专门的组织机构来负责，机构负责人和实验室责任人负责实验室的安全和保障。管理机构要对与实验室相关人员的责任进行明确定位，使相关人员认识到消除实验室各种风险的必要性和重要性，并对相关安全事项规定的严格执行做出承诺。需要加强过程监管，使你阅读化学实验室安全须知了吗？
你穿安全服了吗？
你戴防护眼镜了吗？
你了解化学实验装置的操作规范吗？
你了解化学实验试剂的性质吗？
你了解化学实验仪器的使用规范吗？
你了解化学实验废弃物的处理方法吗？
你了解化学实验室常见事故的处理方法吗？
你了解化学实验室水电的使用要求吗？

图 1-1　化学实验室安全文化意识的主要内容

安全管理形成具体体系，促进管理效率的提升，保证化学实验室运行的安全性(图 1-2)。

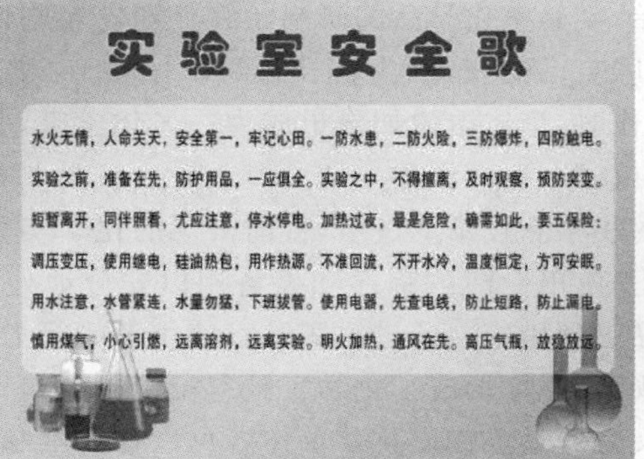

图 1-2　化学实验室安全文化建设的部分形式

1.2　化学实验室安全因素

实验室安全文化强调实施定期进行风险评估的管理计划，每个实验室相关人员都应该时刻意识到不安全因素带来的潜在危害并尽可能将其控制在最低程度。通过设定零事件和零借口目标，以实现工作场所的无事故。

1.2.1　化学实验室安全事件类型

实验室面临来自实验设施内部和外部的风险。有些事件的影响范围可能仅限于实验室内部，但是如果处理不当，事件可能影响更大的范围。一些常见的化学实验室安全事件包括以下几种类型(图 1-3)。

(1) 火灾。违规使用大功率用电器、违规处置危险化学品等可能导致实验室起火。

(2) 水灾。实验操作不当，水管、水龙头检修不及时等可能导致实验室淹水。

(3) 爆炸。违规使用电、气体和危险化学品可能导致实验室爆炸。

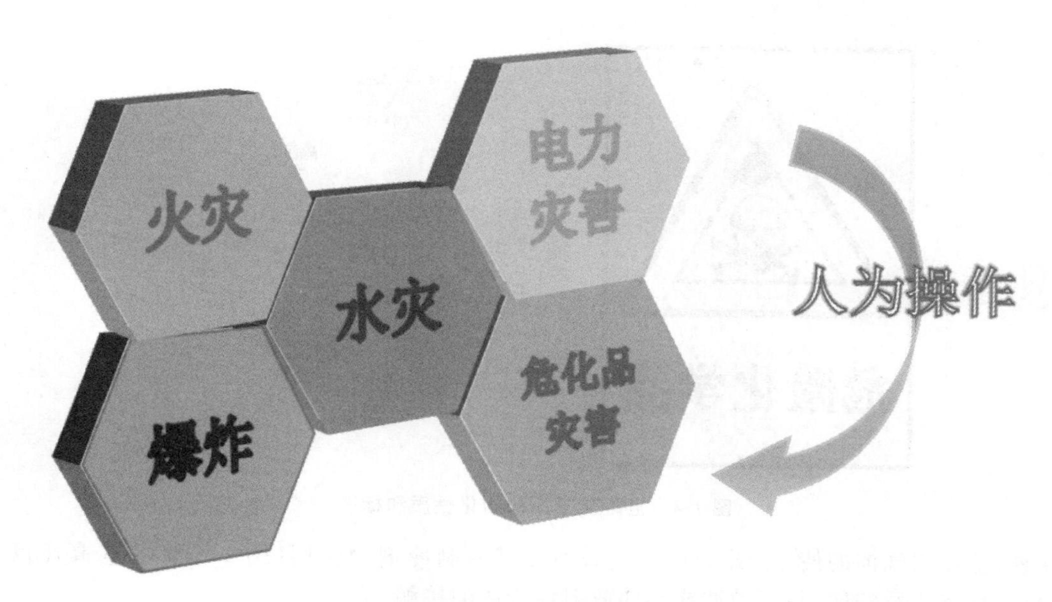

图1-3 化学实验室安全事件的种类

(4) 电力中断引起的灾害。违规用电或使用大功率用电器造成短路等情况,导致电力中断,可能导致设备受损、实验数据丢失等事故。

(5) 有毒有害化学品的泄漏或丢失。违规操作或器皿破损等情况导致有毒有害化学品的泄漏或丢失,进而产生安全风险。

(6) 管制类化学品的违规购买、使用和处置。易致毒、易致爆等管制类化学品可能会由于保管不当而被用于歧途,进而危害社会。因此,必须严格按照规定的流程和渠道对管制类化学品进行采购、管理、使用和处置。

1.2.2 化学实验室安全因素

1. 化学品

易燃、易爆和反应性化学物质的潜在危害对化学实验室相关人员而言,存在很大的安全隐患。所有实验室相关人员都需要了解这些物质发生火灾或爆炸的可能性(图1-4)。

易燃化学品是指在空气中易发生着火和燃烧的化学物质,可以是固体、液体或气体。使用易燃物质前,需要详细了解其在实验室条件下汽化或燃烧的倾向。防止易燃蒸气近距离接触火源是处理这类危害的最好方法。

反应性化学品是指易与其他化学试剂、水或空气中的氧发生剧烈反应的物质。例如,活泼的碱金属遇水会发生剧烈反应、纯液态或气态氢氰酸和碱等。

爆炸性化学品是指在某些条件下易发生爆炸的物质,包括有机偶氮和叠氮化合物、硝基化合物、强氧化剂、过氧化物以及某些粉末和粉尘。大多数爆炸风险来自实验过程的不当操作,而不仅仅是化学品本身。在放热反应的放大过程中因热量控制不当,极易引起爆炸性沸腾和聚合等安全问题。

2. 实验设备

实验材料或设备的操作不当也会对工作人员造成物理危害。典型的情况包括以下

图 1-4 危险化学品的物化性质和标识

几种:①压缩气体的使用(图 1-5(a));②不可燃的制冷剂的使用(图 1-5(b));③高压反应;④真空体系的使用;⑤微波或其他放射性物质的接触。

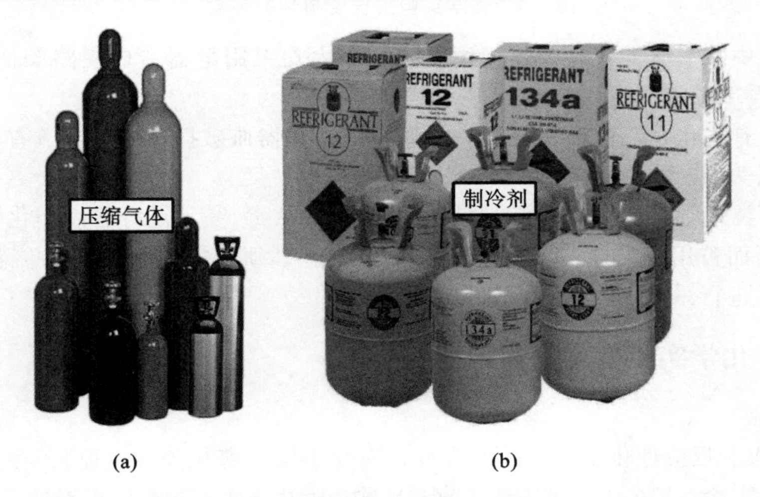

(a) (b)

图 1-5 常用实验压缩气体和制冷剂

3. 废弃物

化学实验一般都会产生废弃物。这些废弃物是实验过程中常常伴生的物质,一般不易再利用。废弃物可分为无害废弃物和有害废弃物,后者可能包括一次性实验室用品、混合化学试剂、含有化学物质的水溶液、危险化学品和放射性物质等。废弃物可能因其具有可燃性、腐蚀性、反应性或毒性等,给不知情的人员造成潜在的危害(图 1-6)。

4. 电气

实验过程常常涉及电气的使用。电气使用不当会引起触电、火灾、短路、电火花引起的爆炸等安全问题。

电加热是将电能转换为热能的过程,电加热装置主要包括电炉、电加热油浴、电热套、电吹风等(图 1-7)。

图 1-6　化学实验室废弃物

图 1-7　实验室常见电加热设备

使用电器时,需要注意电线的正确连接和定期维修。实验室使用保险丝的规格要与允许的用电量相符。电线的安全通电量应大于用电功率。

实验室内放置有氢气、煤气等易燃易爆气体,应避免产生电火花。继电器工作和开关电闸时,易产生电火花,要特别小心。电器接触点(如电插头)接触不良时,应及时修理或更换。

5. 生物危害

生物危害是在处理细菌、微生物或被其污染的材料的过程中可能产生的危害(图 1-8)。这些危害通常存在于临床和传染病研究实验室,但也可能存在于化学实验室。

图 1-8　实验室生物污染的废弃材料

1.3 化学实验室安全管理

化学实验室安全需要通过建立安全管理体系来规范实验室的日常运作，预测可能引起各种灾害和危险的人为和环境因素。该管理体系需要一个特定的机构来负责运行。本节介绍了普通高等学校实验室危险化学品安全管理规范中涉及的几个重要方面。

1.3.1 组织体系

普通高等学校一般组建负责危险化学品安全管理职责的校级领导机构，统筹全校危险化学品的安全监督管理工作。职能部门具体负责危险化学品安全管理的规划、制度建设、日常管理和培训考核等工作。涉及使用危险化学品的内设单位应设置相应的管理机构或专职人员负责本部门危险化学品的安全管理工作；各实验室应有专职或兼职人员负责危险化学品的日常管理工作(图 1-9)。

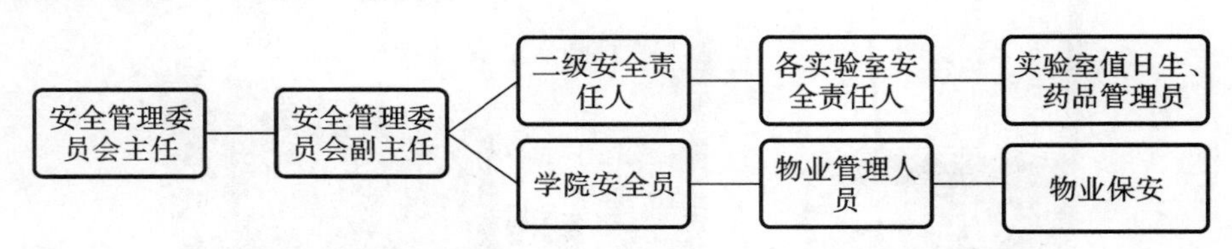

图 1-9 某学校二级学院安全管理组织架构

1.3.2 制度建设

根据实际情况，内设单位制订针对性的实验室安全管理制度，具体内容包括以下几个方面(图 1-10)。

(1) 岗位安全责任制度和学生安全守则；

(2) 危险化学品采购、储存、发放、领取、使用、退回和危险废弃物处置的管理制度；

(3) 爆炸品、剧毒化学品、易制毒化学品和易制爆危险化学品的特殊管理制度；

(4) 实验室安全培训及准入制度；

(5) 危险化学品事故隐患排查治理和应急管理制度；

(6) 个人防护装备、消防器材的配备和使用制度；

(7) 气瓶、气体管路安全管理制度；

(8) 其他必要的安全管理制度。

实验室应编制相应实验化学品和设备的安全操作规程，主要内容包括以下几个方面。

(1) 涉及危险工艺的实验操作规程；

(2) 涉及易燃易爆物质的实验操作规程；

(3) 涉及有毒有害物质的实验操作规程；

(4) 气瓶、气体管路安全操作规程；

(5) 其他必要的安全操作规程。

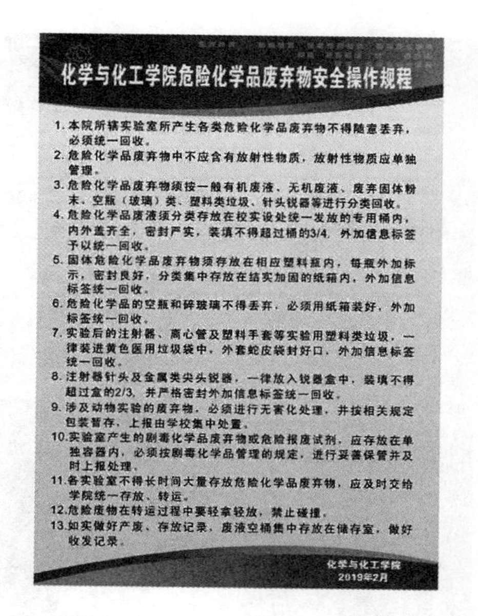

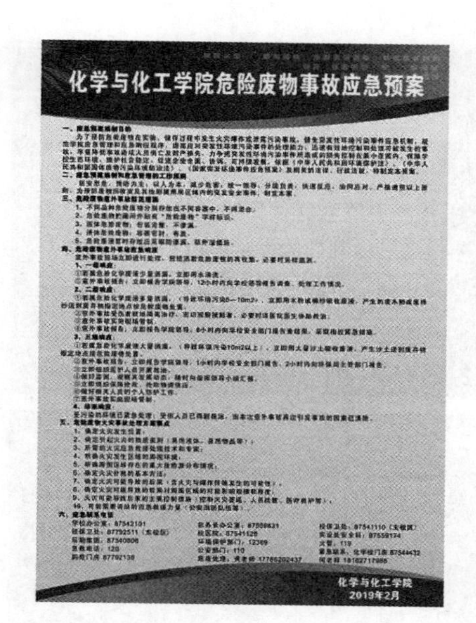

图 1-10 安全操作规程及应急预案制度

1.3.3 教育培训

负责实验室安全的管理人员必须具备相应的危险化学品管理专业知识和能力，通过危险化学品安全和处置技能培训，了解化学实验室的典型事故案例，具备应急管理和应急处置事故的能力。

开展实验活动的所有实验人员需遵守实验室安全准入制度，进入实验室前应接受危险化学品相关的安全知识培训和考核。具体内容包括安全管理制度、安全操作规程、气瓶等相关设备安全使用知识，实验室自救、互救和急救方法，防护用品的使用和维护等。实验室安全培训应做好记录(图 1-11)。

1.3.4 安全设施

(1) 使用可燃气体、有毒有害气体的实验室应设置相应的可燃气体检测仪、有毒有害气体检测仪，并与风机连用(图 1-12)。实验室使用后或产生的废气(或尾气)应分别通过管路引至室外安全区域排放。高压气瓶应有效固定。

(2) 实验室内的危险化学品储存柜应保持良好通风，避免阳光直射，不要紧邻实验台设置，尽可能远离热源。

(3) 使用强酸、强碱、易发生烧伤或产生毒害危险的实验室应安装紧急喷淋装置，在实验台附近应安装洗眼装置。

(4) 存放和使用易燃易爆、腐蚀性和毒害性物质等危险品的实验室应在附近放置灭火器、消防沙箱等消防器材。

(5) 实验室相关人员应配备防护服、防护眼镜、防护手套和防护口罩等必要的防护用品。

图 1-11 各种形式的实验室安全培训

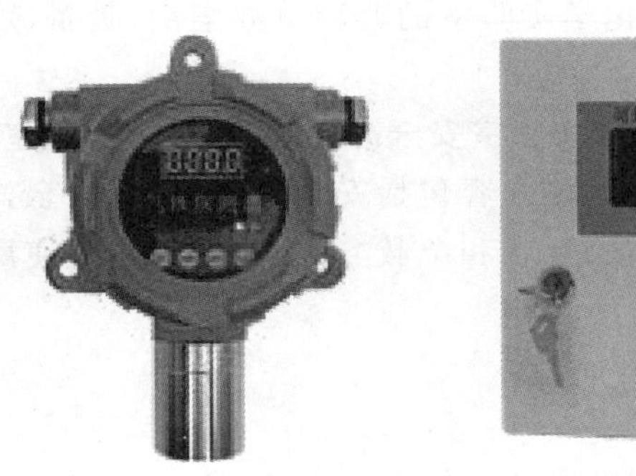

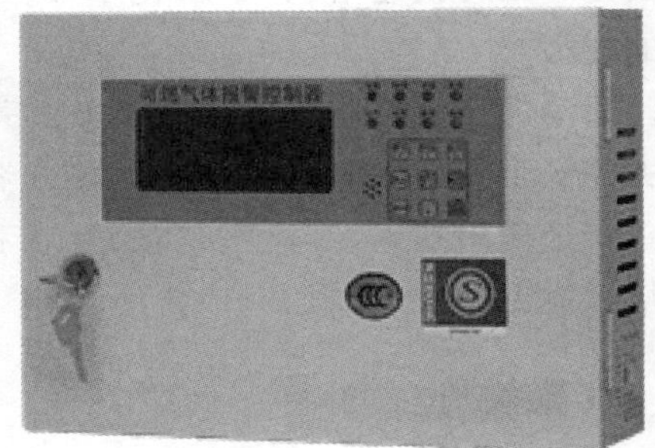

图 1-12 可燃气体探测头及泄漏报警器

(6) 实验室应在方便取用的地点设置急救箱或急救包,配备物品应包括必要的急救药品、绷带、纱布、消毒药剂等(图 1-13)。

1.3.5 采购管理

实验室应向具有合法资质的生产、经营单位购买危险化学品。纳入法规、规章管控的化学品,购买时应提交相应的材料,危险化学品购买单位应保存危险化学品的采购记录,购买危险化学品时应索取符合 GB/T 16483—2008 的化学品安全技术说明书,并妥善保管,方便使用人员阅读。

图 1-13 实验室危险情况的急救物品

1.3.6 储存管理

危险化学品应储存在专用仓库、专用储存室、气瓶间或专柜等专门的储存场所内，不应露天存放；需低温存放的易燃易爆化学品应存放在具有防爆功能的冰箱内；腐蚀性化学品应单独存放在具有防腐蚀功能的储存柜内，并有防遗撒托盘；危险化学品应标签完整，包装不应泄漏、生锈和损坏，封口应严密；互为禁忌的化学品，如氧化剂与还原剂不应混合存放；灭火方法不同的危险化学品应进行隔离储存；不应使用装有饮料及生活用品的容器盛放化学试剂和样品。实验室内危险化学品的存放有严格的限量要求(图 1-14)。

1.3.7 使用管理

危险化学品的发放、领取与退回应符合以下要求(图 1-15)。

(1) 危险化学品的发放应有专人负责，并根据实际需要的数量发放，发放要做好记录；危险化学品发放记录应包括品种、规格、发放日期、退回日期、领取单位、经手人、数量以及结存数量等。

图 1-14　化学品储存用试剂柜、防爆柜和防爆冰箱

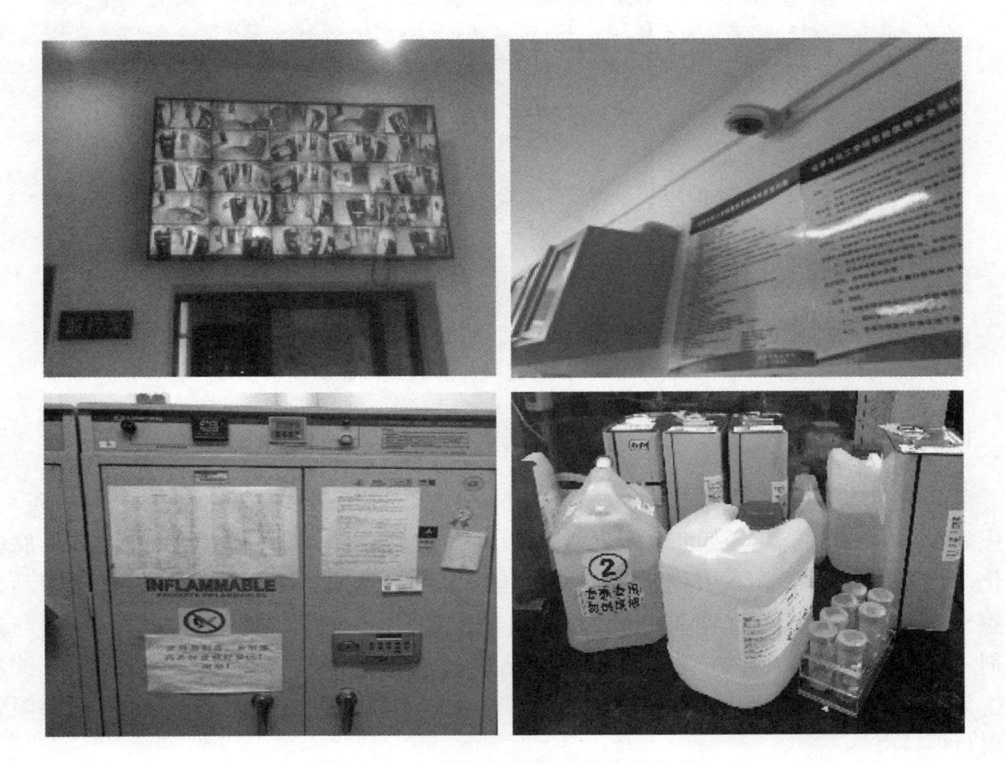

图 1-15　实验室内化学品的使用管理

(2) 发放剧毒化学品、爆炸品、易制爆危险化学品和易制毒化学品时还应记载其用途。

(3) 剧毒化学品、爆炸品的领取，应由双人以当日实验的用量领取，如有剩余应在当日由双人退回；瓶装气体应注意其气瓶检验有效期，并坚持先入先出的使用原则。

(4) 瓶装气体严禁分装和倒瓶。

(5) 实验室应有清晰的安全标识,包括化学品危险性质的警示标识;消防安全标识等。

(6) 在危险化学品使用场所,应张贴岗位安全操作规程和现场应急处置方案,使用监控等必要手段进行实时监管。

(7) 开展实验操作的教职工、学生和其他实验人员应熟悉化学品安全技术说明书,掌握化学品的危险特性,使用时做好个人防护。

1.3.8 危险废弃物管理

实验室危险废弃物分为液态废弃物和固态废弃物两类。固态废弃物分为废弃化学试剂、废弃包装物、废弃容器和其他固态废弃物。液态废弃物分为有机废液和无机废液。有机废液分为含卤素有机废液和其他有机废液;无机废液分为含氰废液、含汞废液、重金属废液、废酸、废碱和其他无机废液。

实验室应按规定进行实验室危险废弃物收集,并按要求粘贴危险废弃物标签。产生危险废弃物的实验室应设置专用内部暂存区,暂存区内原则上存放本实验室产生的危险废弃物,存放两种及两种以上不相容危险废弃物时,应分不同区域暂存,并及时委托有相关危险废弃物处置利用资质的单位处置暂存的危险废弃物。

1.3.9 应急管理

实验室应编制危险化学品事故现场处置方案及气瓶等相关设备故障现场处置方案,并建立逐级报备制度;针对重点岗位特点,应编制简明、实用的岗位应急处置卡。

应对危险化学品专项应急预案、现场处置方案、岗位应急处置卡内容等进行宣传、培训和考核,并做好培训和考核记录。

实验室每半年应至少组织一次与危险化学品事故相关的现场处置方案演练(图 1-16),并做好记录。

图 1-16 实验室安全应急演练

危险化学品专项应急预案、各种现场处置方案和岗位应急处置卡相关内容应根据情况变化及时更新完善。

第 2 章　化学实验室消防安全

化学实验室作为高校开展科研活动的重要场所，因其储存化学试剂和设备众多，很多实验本身具有危险性，加上部分实验人员消防安全意识较差，违规操作和消防制度建立不完善等诸多不利因素，导致消防安全事故频发，给社会造成了严重的不良影响。因此，高校实验室是消防安全重点防范对象。应谨记以“预防为主，防消结合”的消防安全工作方针，掌握基本防火常识和技能，主动预防火灾事故的发生。

2.1　燃烧的基础知识

2.1.1　燃烧的定义

燃烧的定义：可燃物与氧化剂作用而发生的放热反应，通常伴有火焰、发光和（或）发烟等现象。一般来说，燃烧应具备三个特征，即化学反应、放热和发光。

2.1.2　燃烧的条件

1. 燃烧的必要条件

燃烧过程的发生和发展必须具备以下三个必要条件：可燃物、助燃物（又称氧化剂）和引火源。通常被称为燃烧三要素，可用“燃烧三角形”或者“火三角”来表示，如图 2-1 所示。只有这三个要素同时具备的情况下才能发生燃烧，因此，只要把任何一种要素移除，燃烧就能避免。

图 2-1　燃烧三角形（亦称“火三角”）

2. 燃烧的充分条件

具备了燃烧的必要条件，并不意味着燃烧一定发生。发生燃烧还应有“量”的要求，这是发生燃烧或持续燃烧的充分条件。燃烧发生的充分条件如下。

（1）一定的可燃物浓度。

可燃气体或蒸气只有达到一定浓度，才会发生燃烧或爆炸。如甲烷在空气中的浓度低于 5％时就不会发生燃烧。

(2) 一定的氧气含量。

实验证明,各种不同可燃物发生燃烧,均有本身固定的最低含氧量要求。低于这一浓度,虽然燃烧的其他条件满足,但燃烧仍然不能发生。如将点燃的蜡烛用玻璃罩罩起来,阻止周围空气进入,在氧气尚未耗尽时,蜡烛火焰就会熄灭。

(3) 一定的点火能量。

不管何种形式的引火源,都必须达到一定的强度才能引起燃烧反应。所需引火源的强度,取决于可燃物质的最小点火能量,即引燃温度。低于这一能量,燃烧不会发生。不同可燃物质燃烧所需的引燃温度各不相同,如汽油在空气中的最小点火能量为 0.8 mJ;乙醚的最小点火能量为 0.19 mJ。

2.1.3 燃烧的类型

按其在发生瞬间特点的不同,燃烧可分为闪燃、着火、自燃、阴燃四种类型。

1. 闪燃

可燃液体挥发的蒸气与空气混合达到一定浓度,或者将可燃固体加热到一定温度后,遇明火会发生一闪即灭的燃烧现象,称为闪燃。例如给木材加热,当温度上升到 170～180 ℃时,木材就会以极快的速率发生热分解,产生一氧化碳、甲烷、乙炔、氢气、有机酸、乙醛等可燃性气体和二氧化碳、水等不燃性气体,这时木材表面会发生闪燃现象,再继续加热到一定温度,就会引发持续燃烧。可燃物质之所以会发生一闪即灭的闪燃现象,是因为在闪燃温度下蒸发速率较慢,少量的蒸气被点燃后所释放的热量有限,无法提供足够的能量以持续产生充足的可燃蒸气来维持稳定的燃烧。

需要注意的是,闪燃往往是持续燃烧的先兆。闪燃现象出现后,受环境温度等因素的影响,液体蒸发速率开始加快,再次遇火源就可能引发持续燃烧。在一定条件(如爆炸性混合物达到爆炸极限,并遇到较高的点火能量)下,就会出现燃烧速率加快的现象,即爆燃。爆燃形成很高的燃烧速率和温度,会直接造成火灾。因此,从消防角度来说,闪燃就是危险的警告。

在规定的实验条件下,物质发生闪燃的最低温度,称为闪点。闪点越低,引发火灾的危险性就越大;反之,则越小。表 2-1 列出了部分可燃液体的闪点。

甲烷在空气中的闪燃

表 2-1 部分可燃液体的闪点

液体名称	闪点/℃	液体名称	闪点/℃	液体名称	闪点/℃
乙醚	−45	甲苯	4	苯胺	70
四氢呋喃	−14	环己烷	−20	正丁醇	29
二甲基硫醚	−38	二戊烯	46	异丁醇	24
二硫化碳	−30	乙酸乙酯	−4	叔丁醇	11
乙醛	−38	乙腈	6	氯苯	29
丙烯醛	−25	甲醇	12	樟脑油	47
丙酮	−18	乙酰丙酮	34	汽油	−38

续表

液体名称	闪点/℃	液体名称	闪点/℃	液体名称	闪点/℃
辛烷	13	乙醇	13	煤油	38
苯	−11	异丙苯	44		

从表 2-1 的数据可以看出，二硫化碳、乙醚、苯和丙酮等的闪点都比较低，即使存放在普通冰箱内，温度为−18 ℃，无电火花消除器，也能形成可以着火的气氛，故这类液体不得存放于普通冰箱内。另外，低闪点液体的蒸气只需接触红热物体的表面便会着火。其中，二硫化碳尤其危险，即使与暖气散热器或者热灯泡接触，其蒸气也会着火，应特别小心。

2. 着火

可燃物质在空气中与火源接触，达到某一定温度时，开始产生火焰，并在火源移去后仍能持续并不断扩大的燃烧现象，称为着火。着火是燃烧的开始，且以出现火焰为特征，这是日常生产、生活中最常见的燃烧现象。

在规定的实验条件下，应用外部热源使物质表面着火并持续燃烧一定时间所需的最低温度，称为燃点。表 2-2 列出了一些代表性可燃物质的燃点。

表 2-2 部分可燃物质的燃点

物质名称	燃点/℃	物质名称	燃点/℃	物质名称	燃点/℃
氢	580～600	硫黄	190	环氧树脂	530～540
甲烷	650～750	铁粉	315～320	聚四氟乙烯	670
乙烷	520～630	镁粉	520～600	聚苯乙烯	450～500
乙烯	542～547	铝粉	550～540	橡胶	350
硫化氢	346～379	焦炭	440～600	木材	400～470

3. 自燃

二乙基锌在空气中的自燃

可燃物在无外界引火源的条件下，由于其自发的物理、化学或生物反应而产生热量并积蓄，温度不断上升，并自行燃烧起来的现象称为自燃。在规定的条件下，可燃物质发生自燃的最低温度，称为自燃点。在这一温度下，物质与空气（氧）接触，不需要明火的作用，就能发生燃烧（图 2-2）。自燃点是衡量可燃物受热升温形成自燃危险性的依据。可燃物的自燃点越低，发生自燃的危险性就越大。表 2-3 列出了部分可燃物的自燃点。

表 2-3 部分可燃物的自燃点

物质名称	自燃点/℃	物质名称	自燃点/℃	物质名称	自燃点/℃
黄磷	34～35	乙醚	170	棉籽油	370
三硫化四磷	100	溶剂油	235	桐油	410
赛璐珞	150～180	煤油	240～290	芝麻油	410
红磷	200～250	汽油	280	花生油	445
松香	240	石油沥青	270～300	菜籽油	446

续表

物质名称	自燃点/℃	物质名称	自燃点/℃	物质名称	自燃点/℃
锌粉	360	柴油	350～380	豆油	460
丙酮	570	重油	380～420	亚麻籽油	343

图 2-2 实验室中黄磷通常在水下隔绝空气保存

4. 阴燃

阴燃是一种缓慢的、没有明火的燃烧现象，可发生于多种类型的可燃固体，如煤炭、纤维、木材、干草和多种聚合物材料等。阴燃与常规燃烧最大的区别在于，氧化反应发生在固体表面，而不是气相中。阴燃释放的热量低于常规的燃烧，但足以维持可燃固体表面与氧气的链式反应。由于阴燃没有明火，只是发热或冒烟，不容易引起注意。一旦遇到合适条件则会转化为明火，引发火灾。

2.1.4 爆炸

对于炸药或爆炸性气体混合物的燃烧，由于其燃烧速率很快，一般称为爆炸。从广义上说，爆炸是物质从一种状态迅速转变成另一状态，并在瞬间放出大量能量和高压气体，同时产生声响的现象。构成爆炸体系的高压气体瞬间冲击到周围物体上，使物体受力不平衡而遭到破坏。按爆炸过程的性质不同，爆炸通常可以分为物理爆炸、化学爆炸和核爆炸三种类型。

1. 物理爆炸

物理爆炸是指装在容器内的液体或气体，由于物理变化（温度、体积和压力等因素）引起体积迅速膨胀，导致容器压力急剧增加，由于超压或应力变化使容器发生爆炸，且在爆炸前后物质的性质及化学成分均不改变的现象。如蒸汽锅炉、液化气瓶等爆炸，均属于物理爆炸。物理爆炸本身虽没有进行燃烧反应，但它产生的冲击力有可能直接或间接地造成火灾。

2. 化学爆炸

化学爆炸是指由于物质本身发生化学反应，产生大量气体并使温度、压力增加或两者同时增加而形成的爆炸现象。如可燃气体、蒸气或粉尘与空气形成的混合物遇火源而引起的爆炸，炸药的爆炸等都属于化学爆炸（图 2-3）。化学爆炸的主要特点：反应速率快，爆炸时放出大量热量，产生大量高压气体，并发出巨大的声响。化学爆炸可以直接造成火灾，破坏性很大，是消防工作中预防的重点。

图 2-3　常见炸药成分 TNT

3. 核爆炸

核爆炸是指原子核裂变或聚变反应，释放出核能所形成的爆炸。如原子弹、氢弹、中子弹的爆炸就属于核爆炸。

4. 爆炸极限

可燃气体或蒸气与空气形成的混合物，浓度处于一定范围时，遇火源会立即发生爆炸。该浓度范围称为可燃气体或蒸气的爆炸极限，混合物发生爆炸的最低浓度称为爆炸下限，最高浓度称为爆炸上限。评定气体火灾危险性的大小可用爆炸极限来表示，爆炸极限越低、范围越大，火灾危险性就越大。表 2-4 列出了常见物质的爆炸极限。

表 2-4　常见物质的爆炸极限

物质名称	爆炸极限/(%)	物质名称	爆炸极限/(%)	物质名称	爆炸极限/(%)
氢气	4.0～75.6	甲醇	6.0～36.5	乙烯	2.7～36.0
一氧化碳	12.5～74.2	乙醇	3.3～19.0	乙炔	2.5～82
甲烷	5.0～15.0	甲醚	3.4～27	苯	1.2～8.0
乙烷	3.0～12.5	乙醚	1.7～48.0	甲苯	1.1～7.1
丙烷	2.1～9.5	甲乙醚	2.0～10.1	乙苯	1.0～6.7
戊烷	1.5～7.8	异丙醚	1.4～22.0	乙胺	3.5～14.0
己烷	1.1～7.5	苯甲醚	1.3～9.0	二甲胺	0.6～5.6
庚烷	1.1～6.7	二硫化碳	1.3～50.0	氨气	15～28

2.1.5　燃烧产物及危害

由燃烧或热解作用而产生的全部物质，称为燃烧产物。它通常指燃烧生成的气体和烟雾等。燃烧产物分为完全燃烧产物和不完全燃烧产物两类。可燃物质在燃烧过程中，如果生成的产物不能再燃烧，则称为完全燃烧，其产物称为完全燃烧产物，如二氧化碳、二硫化碳等；在燃烧过程中，如果氧化剂不足，会导致燃烧物不能被充分氧化，生成的产物在合适的条件下还可能继续发生燃烧。该过程则称为不完全燃烧，其产物为不完全燃烧产物，如碳单质、一氧化碳、醇类和羰基化合物等。

燃烧产物有不少是有毒气体，往往会通过呼吸道侵入或刺激眼结膜和皮肤黏膜，使人中毒甚至死亡。据统计，因火灾而死亡的人中约80%是由吸入有毒气体后中毒而导致的。以下是部分典型的对人体有危害的燃烧产物。

(1) 氰化物：一种迅速致窒息、致死的毒物。中毒轻者可引起头昏恶心，重者可发生呼吸障碍甚至死亡。

(2) 氯化氢：一种无色、有刺激性气味的气体，对眼和呼吸道黏膜有强烈的刺激作用。急性中毒可引起头痛、恶心、呼吸困难和胸闷，重者可发生肺炎或肺水肿。

(3) 一氧化碳：与血液中血红蛋白有较强的亲和性，亲和能力比氧气高约250倍，能阻碍人体血液中的氧气输送，引起头痛、虚脱、神志不清等症状和肌肉调节障碍。

(4) 二氧化碳：一种无色、无臭、略带酸味的气体，大气中含量一般为0.027%～0.036%。它在大气中的含量为8%～10%时，就会引起人在短时间内窒息、死亡。含碳物质燃烧时，通常产生大量二氧化碳。

(5) 二氧化硫：对呼吸道黏膜和眼睛有强烈的刺激作用。少量吸入会引起喉咙干痛、流涕、流泪等症状；大量吸入会引起呼吸困难、支气管炎、肺水肿，甚至死亡。

(6) 氮氧化物：被人体吸入后与呼吸道黏膜上的水分子作用形成硝酸和亚硝酸盐，对肺组织产生刺激和腐蚀作用，能引起即刻死亡及滞后性伤害。

2.2 防火与灭火基本原理和措施

2.2.1 防火的基本原理和措施

根据燃烧的基本理论，只要不满足物质燃烧的条件，就可以达到防火的目的。有关防火的基本原理和措施如表2-5所示。

表2-5 防火基本原理和措施

措施	原理	措施举例
控制可燃物	破坏燃烧、爆炸的基础	(1) 限制可燃物的储运量 (2) 用不燃或难燃材料代替可燃材料 (3) 加强通风，降低可燃气体或蒸气、粉尘在空间的浓度 (4) 用阻燃剂对可燃材料进行阻燃处理，以提高防火性能 (5) 及时清除洒漏在地面的易燃、可燃物质等

续表

措　施	原　理	措施举例
隔绝空气	破坏燃烧、爆炸的助燃条件	(1) 充惰性气体以保护生产或储运有爆炸危险物品的容器、设备等 (2) 密闭有可燃介质的容器、设备 (3) 采用隔绝空气等特殊方法储运有燃烧、爆炸危险的物质 (4) 隔离与酸、碱、氧化剂等接触能够燃烧、爆炸的可燃物和还原剂
消除引火源	破坏燃烧的激发能源	(1) 消除和控制明火源 (2) 安装避雷、接地设施，防止雷击、静电 (3) 防止撞击，控制摩擦生热 (4) 防止日光照射和聚光作用等产生高温的因素 (5) 妥善保存自发热或自反应物质，防止热量积聚
阻止火势蔓延	防止新的燃烧条件形成	(1) 在建筑之间留足防火间距、设置防火分隔设施 (2) 在气体管道上安装阻火器、安全水封 (3) 有压力的容器设备，安装防爆膜(片)、安全阀 (4) 在能形成爆炸介质的场所，设置泄压门窗、轻质屋盖等

2.2.2　灭火的基本原理和措施

根据燃烧的基本理论，只要破坏已经形成的燃烧条件，就可使燃烧熄灭，最大限度地减少火灾危害。有关灭火的基本原理和措施如表 2-6 所示。

表 2-6　灭火基本原理和措施

措　施	原　理	措施举例
冷却法	降低燃烧物的温度	(1) 用直流水喷射着火物 (2) 不间断地向着火物附件的未燃烧物喷水降温等
窒息法	消除助燃物	(1) 封闭着火空间 (2) 往着火的空间充灌惰性气体、水蒸气 (3) 用湿棉被、湿麻袋等捂盖已着火的物质 (4) 向着火物上喷射二氧化碳、干粉、泡沫、喷雾水等
隔离法	使着火物与火源隔离	(1) 将未着火物质转移到安全处 (2) 拆除毗连的可燃建(构)筑物 (3) 关闭燃烧气体(液体)的阀门，切断气体(液体)来源 (4) 用沙土等堵截流散的燃烧液体 (5) 用难燃或不燃物体遮盖受火势威胁的可燃物质等

续表

措　施	原　理	措施举例
抑制法	中断燃烧链式反应	往着火物上直接喷射气体、干粉等灭火剂，覆盖火焰以中断燃烧链式反应

2.3 火灾的分类与灭火器

2.3.1 火灾的分类

国家标准《火灾分类》(GB/T 4968—2008)中根据可燃物的类型和燃烧特征，将火灾定义为A类、B类、C类、D类、E类和F类六种不同的类别。有关不同类型火灾的定义和举例可参见表2-7。

表2-7　火灾的分类

类　别	定　义	实物举例
A类火灾	固体物质火灾	木材、棉、毛、麻或纸张火灾等
B类火灾	液体或可熔化的固体物质火灾	汽油、煤油、原油、甲醇、乙醇、沥青或石蜡火灾等
C类火灾	气体火灾	煤气、天然气、甲烷、乙烷、丙烷或氢气火灾等
D类火灾	金属火灾	钾、钠、镁、钛、锆、锂或铝镁合金火灾等
E类火灾	带电火灾	变压器等设备的电气火灾
F类火灾	烹饪器具内的烹饪物火灾	油锅起火

2.3.2 灭火器

灭火器是一种轻便的灭火器材，具有结构简单、使用面广、轻便灵活、灭火速率快等优点，主要用于扑灭初期火灾。灭火器的种类很多，按其移动方式可分为手提式和推车式；按驱动灭火剂动力来源可分为储气瓶式、储压式、化学反应式；按其所充装的灭火剂成分又可分为泡沫灭火器、二氧化碳灭火器、干粉灭火器、卤代烷灭火器、酸碱灭火器和清水灭火器等。扑救火灾时，应根据火灾类型不同，选用合适的灭火器。如图2-4所示，以手提式灭火器为例，介绍灭火器的结构。

下面介绍五种常见灭火器(按灭火剂成分分类)。

1. 干粉灭火器

干粉灭火器是目前使用最普遍的灭火器，充装的是干粉灭火剂。干粉灭火剂的粉雾与火焰接触混合时，发生一系列物理和化学反应，可对有焰燃烧及表面燃烧进行灭火。同时，干粉灭火剂可以降低残存火焰对燃烧表面的热辐射，并能吸收火焰的部分热量，灭火时分解产生的二氧化碳、水蒸气等对燃烧区内的氧浓度有稀释作用。

干粉灭火器又进一步细分为两种类型。一种是碳酸氢钠干粉灭火器，也称BC类干

图 2-4　灭火器的结构

粉灭火器，可扑灭B类、C类、E类和F类火灾；另一种是磷酸铵盐干粉灭火器，又称ABC类干粉灭火器，可扑灭A类、B类、C类和E类火灾，应用范围较广。

2. 二氧化碳灭火器

二氧化碳灭火器充装的是液态二氧化碳，其主要依靠窒息作用和部分冷却作用灭火，可扑灭B类、C类和E类火灾。

二氧化碳灭火器灭火速率快，无腐蚀性，灭火不留痕迹，特别适用于扑救重要文件、贵重仪器、带电设备(600 V以下)的火灾。二氧化碳灭火器不能扑救内部阴燃的物质、自燃分解的物质及D类火灾。此外，有些活泼金属可以在二氧化碳中继续进行燃烧。

3. 清水灭火器

清水灭火器主要成分是水。水喷到燃烧物上，在被加热和汽化的过程中，会吸收燃烧产生的热量，使燃烧物的温度降低，达到灭火效果。此外，水喷射到炽热的燃烧物上产生大量的水蒸气(1 kg水汽化后可以产生1.7 m^3 的水蒸气)，降低了空气中的含氧量，当燃烧物上方的含氧量低于12%时，燃烧就会停止。清水灭火器主要用于扑灭A类火灾。

4. 泡沫灭火器

泡沫灭火器充装的是水和泡沫灭火剂，可分为化学泡沫灭火器和空气泡沫(机械泡沫)灭火器。化学泡沫灭火器已被空气泡沫(机械泡沫)灭火器代替。泡沫灭火剂被喷出后在燃烧物表面形成泡沫覆盖层，可使燃烧物表面与空气隔离，达到窒息灭火的目的。空气泡沫(机械泡沫)灭火器充装的是空气泡沫灭火剂。泡沫灭火器主要用于扑灭A类火灾和 B 类中的非水溶性可燃液体的火灾，不适用于 D 类和 E 类火灾。

5. 六氟丙烷灭火器

六氟丙烷灭火器充装的灭火剂是 1,1,1,3,3,3-六氟丙烷（简称六氟丙烷），它是一种无色、无味的气体。因不含氯原子，对臭氧层基本不产生破坏。六氟丙烷灭火器是一种洁净气体灭火器，主要是以物理方式灭火，同时伴有化学反应，灭火效能较高，可扑灭 A 类、B 类、C 类和 E 类火灾。其因成本较高，适用于保护高价值设备，例如电子计算机房、电信设备、航空器等。

2.4 化学实验室常见火灾的扑救方法和灭火器材的使用

2.4.1 化学实验室常见火灾扑救方法

化学实验室中的可燃物多种多样，且性质各异，因此一旦失火，首先立即采取措施防止火势蔓延。熄灭附近所有火源，切断电源，移开易燃易爆物品，并视火势大小，采取不同的扑救方法。

(1) 对在容器（如烧杯、烧瓶等）中发生的局部小火，可用石棉网、表面皿或者沙子等盖灭。

(2) 有机溶剂在桌面或者地面上蔓延燃烧时，不得用水浇灭，可撒上细沙或用灭火毯灭火。

(3) 钠、钾等金属着火时，通常用干燥的细沙覆盖。严禁用水灭火，否则会导致猛烈的爆炸，也不能用二氧化碳灭火。

(4) 若衣服着火，立即脱除衣物，切勿慌张奔跑，以免风助火势。小火一般可用湿抹布、灭火毯等包裹使火熄灭。若火势较大，可就近用水龙头浇灭。若衣物无法脱除，必要时可就地卧倒打滚，一方面防止火焰烧向头部，另一方面在地上压住着火处，使其熄灭。

(5) 在反应过程中，若因冲料、渗漏、油浴着火等引起反应体系着火，情况比较危险，处理不当会加重火势。扑救时必须谨防冷水溅在着火处的玻璃仪器上，必须谨防灭火器材击破玻璃仪器，造成严重的泄露而扩大火势。有效的扑灭方法是用几层灭火毯包住着火部位，隔绝空气使其熄灭，必要时在灭火毯上撒些细沙。若仍不奏效，必须使用灭火器，须由火场的周围逐渐向中心处扑灭。

(6) 电器着火时要先切断电源，用灭火器或者水灭火；无法断电的情况下，禁止用水等导电液体灭火，应用沙子或二氧化碳灭火，还可用干粉灭火器灭火。

2.4.2 常见灭火器材的使用方法

各类常见灭火器材的使用方法列于表 2-8 中。当实验室不慎失火时，切莫惊慌失措，应沉着冷静处理。根据现场具体情况，选择合适的灭火器材，迅速灭火。

表 2-8　常见灭火器材的使用方法

灭火器材	工作原理及适用范围	使用方法
干粉灭火器	工作原理：利用二氧化碳或氮气作为动力，将干粉灭火剂喷出灭火。 适用范围：碳酸氢钠干粉灭火器适用于易燃、可燃液体、气体及电气设备的初起火灾；磷酸铵盐干粉灭火器除可用于上述情况外，还可扑灭固体可燃物初起火灾	使用前将灭火器上下颠倒几次，使筒内干粉松动，然后将喷嘴对准燃烧最猛烈处，拔出保险销，压下压把
二氧化碳灭火器	工作原理：二氧化碳不能燃烧，也不支持燃烧，依靠窒息作用和部分冷却作用灭火。 适用范围：主要用于扑救精密仪器、600 V 以下电气设备、图书资料、易燃液体和气体等的初起火灾。不能用于扑灭金属及含有氧化基团的化学物质引起的火灾	拔出灭火器的保险销，把喇叭筒往上扳 70°～90°角，一只手托住灭火器筒底部，另一只手握住启动阀的压把，对准目标，压下压把
 沙箱	工作原理：隔绝空气，降低界面温度。 适用范围：干沙对扑灭金属起火、地面流淌火特别安全有效	将干沙储存于容器中备用，灭火时，将沙子撒于着火处

续表

灭火器材	工作原理及适用范围	使用方法
灭火毯	工作原理：隔离热源及火焰。 适用范围：由玻璃纤维等材料经过特殊处理和编制而成的织物，能起到隔离热源及火焰的作用，盖在燃烧的物品上，使燃烧无法得到氧气而熄灭	双手拉住灭火毯包装外的两条手带，向下拉出灭火毯。将灭火毯完全抖开后，将灭火毯覆盖在火源上，直至火源冷却
 室外消火栓 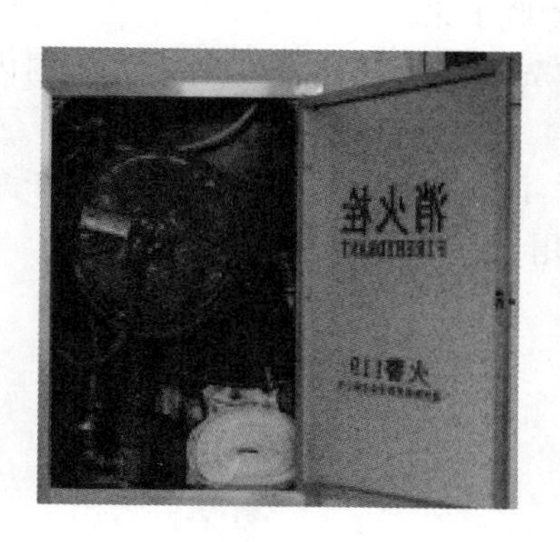 室内消火栓	工作原理：射出充实水柱，扑灭火灾。 适用范围：主要供消防车从市政给水管网或者室外消防给水管网取水实施灭火，也可以直接连接水带、水枪，出水灭火	打开消火栓门，取出水带连接水枪，甩出水带，水带一头插入消火栓接口，另一头连好水枪，摁下水泵，打开阀门，握紧水枪，将水枪对准着火部位出水灭火

习题

习题答案

一、选择题

1. 我国消防宣传活动日是每年的(　　)。

A. 11月9日　　B. 1月19日　　C. 9月11日　　D. 9月10日

2. 被火困在室内，以下逃生方法哪一项是正确的？(　　)

A. 跳楼

B. 到窗口或阳台挥动物品求救，将床单或绳子拴在室内牢固处下到下一层逃生

C. 躲到床下，等待救援

D. 打开门，冲出去

3. 实验大楼因出现火情，当浓烟已穿入实验室内时，以下哪种行为是正确的？（　　）

A. 沿地面匍匐前进，当逃到门口时，保持低姿态开门

B. 打开实验室门后不用随手关门

C. 从楼上向楼下外逃时可以乘电梯

4. 以下哪种物质的火灾可以用水扑灭？（　　）

A. 油类起火　　B. 酒精起火　　C. 电器起火　　D. 棉被起火

5. 我国大陆通用的火警电话号码是（　　）。

A. 991　　B. 119　　C. 911

6. 实验室仪器设备用电或线路发生故障着火时，应立即（　　），并组织人员用灭火器进行灭火。

A. 迅速转移贵重仪器设备

B. 切断现场电源

C. 疏散人员

7. 在室外灭火时，应站在什么位置？（　　）

A. 上风处　　B. 下风处　　C. 随便哪里

二、判断题

1. 身上着火被扑灭后，应马上把粘在皮肤上的衣物脱下来。（　　）

2. 万一发生火灾，不管是否是电气方面引起的，首先要想办法迅速切断火灾范围内的电源。（　　）

3. 实验室必须配备符合本实验室要求的消防器材，消防器材要放置在明显或便于拿取的位置。严禁任何人以任何借口把消防器材移作他用。（　　）

第3章　化学品的危害及管理

化学实验室安全隐患有别于一般实验室，因为其中储存并频繁使用的是各种类型的化学品。它们具有各不相同的物理、化学、生理学和毒理学特性，可能对实验室消防安全和人员健康造成直接或潜在的危害。实验室管理人员和使用者必须充分地认识化学品的危险特征和管理规范，才能在保存和使用它们的过程中将安全风险降至最低。

3.1　危险化学品的定义和危害分类

具有易燃、易爆、助燃、毒害、腐蚀、放射等性质，对人体、设施、环境具有危害的剧毒化学品和其他化学品称为危险化学品。它们不仅存在于化工生产与化学实验室中，在日常生活中也可以见到。《危险化学品目录》是由国务院安全生产监督管理部门会同其他相关机构，根据化学品危险特性的鉴别和分类标准来确定、公布，并适时调整的。危险化学品在生产、运输、储存、销售和使用中，因其本身的特性，导致的火灾、爆炸或中毒的事故时有发生。然而，从许多案例分析来看，事故发生的原因主要是管理、运输或使用人员缺乏相关的基础知识，不了解危险化学品的特性，不遵守操作规程或对突发事故苗头处理不当。化学实验室不可避免地需要储存并使用各类危险化学品。尽管保有量不及工业生产和运输，但是繁杂的种类和彼此迥异的化学性质，对实验室管理水平提出了更高的要求。为了避免化学实验室火灾、爆炸、中毒及环境污染等事故的发生，必须充分了解与危险化学品的分类、性质、储存和使用等相关的知识(图3-1)。

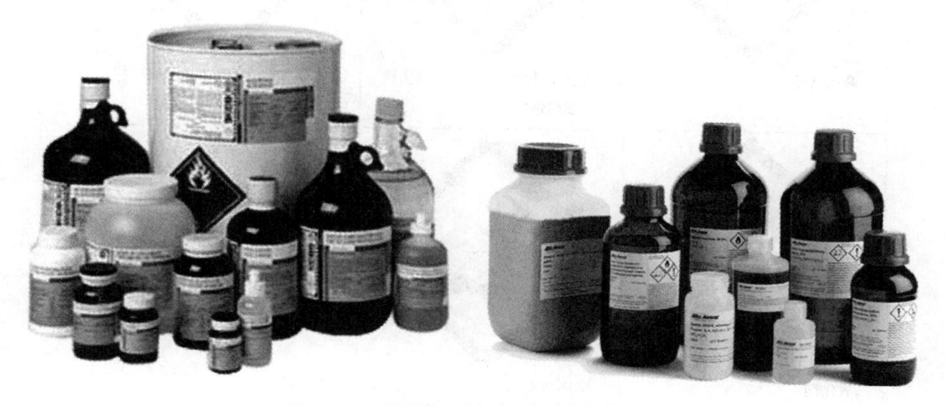

图3-1　实验室通常使用的化学品包装

有化学品经营资质的正规供应商都会提供其出售商品的安全技术说明书，缩写为SDS(Safety Data Sheets，旧称 MSDS：Material Safety Data Sheet)。使用者也可以根据化合物的名称、CAS号或结构等信息在供应商网站或 Chemical Safety 网站上进行查询。安全技术说明书(SDS)有全球统一的标准格式，分为16个部分，分别对该化学品的成分信息、急救措施、消防措施、泄漏应急处理、操作与储存、个人防护、理化特性、稳定性和反应性、毒理学信息、生态学信息、废弃物处理和运输信息等进行说明。由于化学品种类和数目不断增加，为了协调世界各国对化学品统一分类及标记制度，国际劳工组织(ILO)、经济合作与发展组织(OECD)、联合国危险品运输专家委员会(UNCETDG)共同开发了《全球化学品统一分类和标签制度》(GHS)。GHS是对化学品的危害性进行分类定级的标准方法，旨在对世界各国不同的危险化学品分类方法进行统一，最大限度地减少危险化学品对健康和环境造成的危害，是指导各国控制化学品危害和保护人类与环境的规范性文件。根据GHS的标准，用九个直观且具有代表性的图标来警示化学品相应的危险性。这些图标中，有些只代表一种危险，有些可表示多种危险，每种图标具体所指的危险性见图3-2。

图3-2 GHS使用的危险化学品标识

依据我国《化学品分类和危险性公示通则》，化学品按理化危害、健康危害和环境危害的性质分为三大类。其中，理化危害是指化学品由于其特殊的物理、化学性质所导致的潜在爆炸、燃烧等风险；健康危害是指人在接触化学品时可能受到的伤害；而环境危害是指该化学品泄漏后，对水体和大气所产生的短期或长期的负面影响。

3.2 化学品的理化危害

根据我国2015年发布的《危险化学品目录》和《化学品分类和标签规范》的国家标准，理化危害化学品可进一步分为16类：①爆炸品；②易燃气体；③易燃气溶胶；④氧化性气体；⑤加压气体；⑥易燃液体；⑦易燃固体；⑧自反应物质和混合物；⑨自燃液体；⑩自燃固体；⑪自热物质和混合物；⑫遇水放出易燃气体的物质和混合物；⑬氧化性液体；⑭氧化性固体；⑮有机过氧化物；⑯金属腐蚀品。同一种化合物，可能同时具有几种不同的危险属性，下文将按照理化性质和危害方式来分类介绍化学实验室中较为常见的危险化学品。

3.2.1 爆炸物

凡是受到撞击、摩擦、震动、高热或其他因素的激发，能发生激烈的变化并在极短的时间内放出大量的热和气体，同时伴有声光等效应的物质均称为爆炸物。

化学品爆炸有如下主要特点。

(1) 爆炸时反应速率快：爆炸反应通常在万分之一秒内完成。爆炸的传播速率一般为2000～9000 m/s。由于反应速率快，释放出的能量来不及散失而高度集中，所以具有极大的威力。

(2) 反应释放大量的热：爆炸时气体产物依靠反应热往往能被加热到数千摄氏度，压力可达到数万个大气压。反应物的化学能最终转化为机械能，使周围的物体受到压缩或破坏。

(3) 反应中生成大量的气体：由于反应热的作用，气体急剧膨胀，但又处于定容压缩状态，压力可达到数万个大气压。

实验室可能使用或者保存的爆炸品包括叠氮化物、有机硝化物、过渡金属的炔盐、雷酸盐和高氯酸盐，以及其他一些遇热或遇撞击释放大量能量或气体的有机化合物等(图3-3)。这些化学品应储存于阴凉、干燥、通风的爆炸品专用库房，远离火源和热源。普通实验室要尽可能减小爆炸品的保存量，并分开储存在安全的药品柜中，杜绝振动、撞击、摩擦或高热。

3.2.2 加压气体

气体具有密度低的特性，为了提高运输和使用过程中的效率以及安全性，通常将它

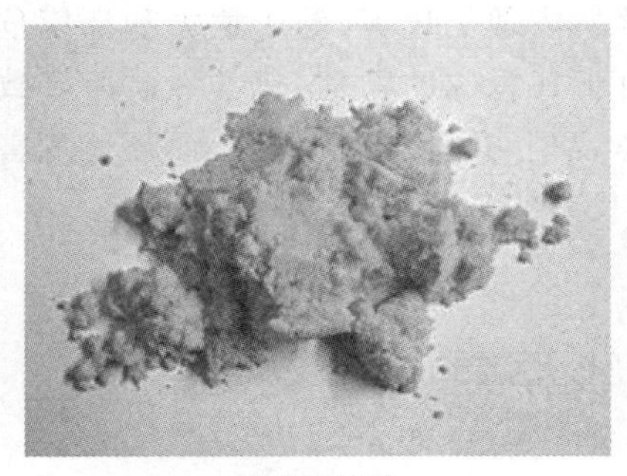
三硝基苯酚

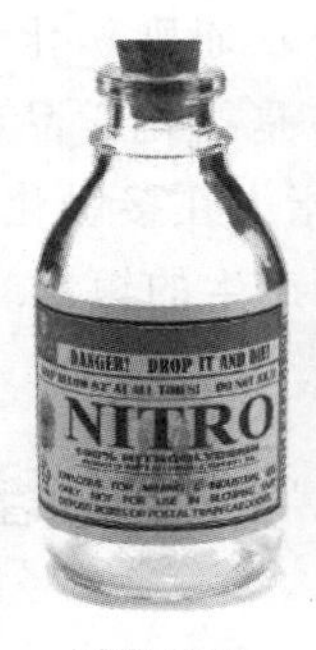

硝化甘油

三硝基甲苯

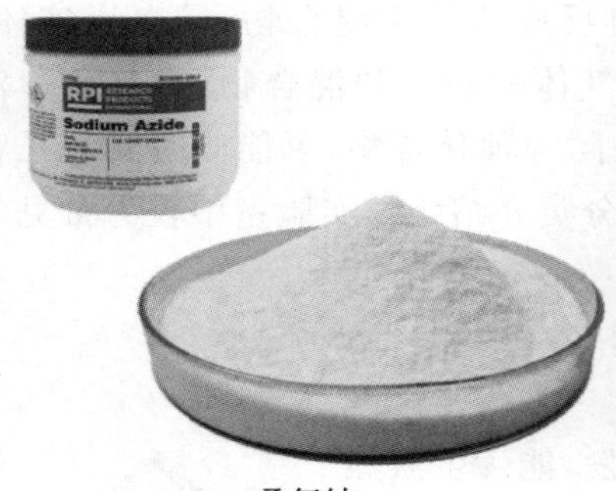

叠氮钠

雷酸汞

乙炔银

图 3-3 一些典型的具有爆炸风险的化学品

们灌装在压力气瓶中。20 ℃下，压力等于或大于 200 kPa（表压，约 2 个大气压）下装入储气瓶的压缩气体、液化气体、溶解气体及冷冻液化气体称为加压气体，用一个钢瓶形状的图标表示。加压气体被广泛用于科研、工业生产、建筑以及日常生活等多种场合。认识不同气体的危险性，并能正确地操作和使用加压设备，有助于尽可能降低使用此类化学品时的风险。

1. 压缩气体

化学实验室中最常见的压缩气体包括氮气、氩气、氧气、氢气、压缩空气、一氧化碳、二氧化碳、氨气以及各种特殊用途的混合气体等。这些气体一般被加压后储存在密闭的钢瓶中（图 3-4），因此钢瓶是一种承压设备。若仅仅考虑其物理性质，由于压缩气体具有的较高内能，在钢瓶被不当操作时，会有极速膨胀的危险，将气体的内能迅速转化成机械能，可能造成钢瓶的乱飞，甚至爆炸。此外，由于气体膨胀时对外做功，会导致温度的快速降低，压缩气体泄漏时也有导致冻伤的风险。

然而，除少数化学性质稳定的气体外，钢瓶所盛装的物质一般兼具易燃、易爆、有毒或强腐蚀等性质中的一项或多项，又因其移动、重复充装、操作使用人员不固定和使用环境变化的特点，钢瓶比普通压力容器更为复杂。钢瓶一旦发生泄漏或爆炸，往往导致中毒或火灾，甚至引起灾难性事故，带来严重的财产损失、人员伤亡和环境污染。

扫码看彩图

图 3-4　实验室盛装压缩气体的钢瓶及推车

本小节中仅仅介绍气体化学品因压力包装所带来的危险，而可燃性、氧化性、腐蚀性、毒性以及环境污染等各类危害会在其他相应部分继续介绍。盛装压缩气体的设备由于承受较高的压力，在储存、使用或运输不当时会产生极大的安全隐患，后文会对压力设备的使用和维护进行详细介绍。

2. 冷冻液化气体

实验室通常使用冷冻的液化气体来创造超低温的实验条件，其中常用的冷冻压缩气体有液氮和液氦。这些冷冻液体有两种灌装方式，一种是密闭式的加压装置，兼具加压气体和冷冻液化气体的特性(图 3-5(a))，适用于运输和较长时间的储存；另一种则是中小型的常压保温杜瓦瓶(图 3-5(b))，常用于实验室中保存较少量液氮，挥发速率较前者显著加快。而在实验中使用液氮作为冷阱或低温浴时，一般用双层玻璃制成的杜瓦瓶作为容器(图 3-5(c))。

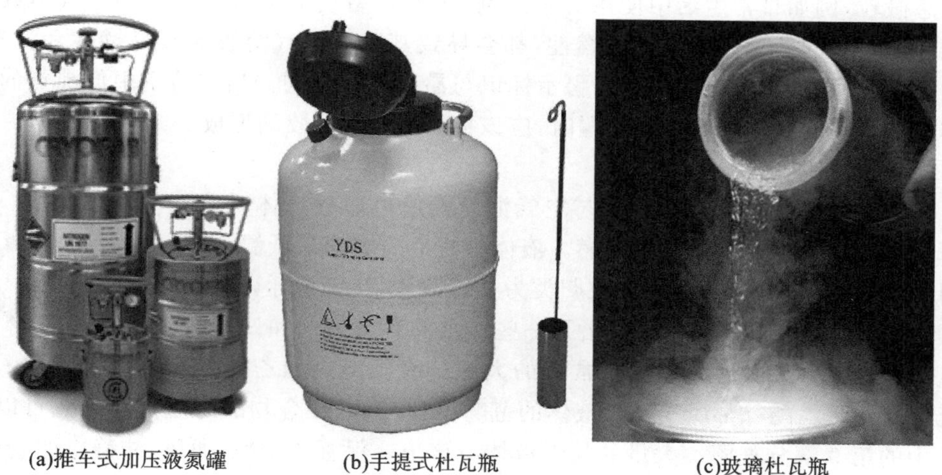

(a)推车式加压液氮罐　(b)手提式杜瓦瓶　(c)玻璃杜瓦瓶

图 3-5　实验室运输和盛装冷冻液体的设备

3.2.3 可燃物

1. 易燃气体与气溶胶

在 20 ℃和标准压力(101.3 kPa)时与空气混合有一定易燃范围,甚至在无空气和/或无氧气时也能迅速反应的气体称为易燃气体,用火焰状图标表示。化学实验室常见的易燃气体有氢气、甲烷、一氧化碳、乙烯、乙炔和氢/氮混合气等,这些物质往往作为压缩气体盛装在压力设备中(图 3-6(a))。易燃气体一旦发生泄漏,很容易被点燃形成火灾,所以它们参与的反应一般都在密闭的气路和设备中进行。在此类设备附近还需要安装特定的感应装置,当检测到相应气体的浓度升高时,自动触发警报。此外,在实验室中,偶尔也会使用专用仪器或者自制的装置来制备可燃性的气体(图 3-6(b))。在操作此类仪器和装置时,要做好充分的防火措施。

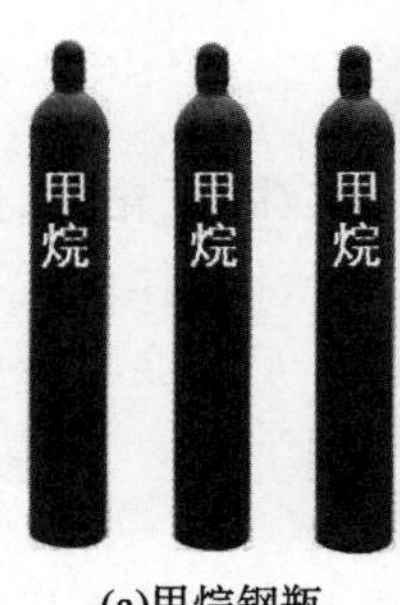

(a)甲烷钢瓶

(b)实验室制取氢气

(c)定型喷雾

图 3-6 一些典型的易燃气体及气溶胶

气溶胶是指固体或液体微粒稳定地悬浮于气体介质中形成的分散体系,例如烟雾、粉尘等。其中颗粒物质被称作悬浮粒子,其粒径大小为 0.01～10 μm。气溶胶也可以是将液体或固体与气体溶解混合后压缩在喷雾器中,通过释放装置喷射形成的悬浮的固态或液态微粒,例如日常生活中使用的杀虫剂、头发定型喷雾等(图 3-6(c))。气体载体或者悬浮粒子中的任意一种具有可燃性,都会导致其形成的气溶胶兼具易燃性和流动性,引发火灾的危害与易燃气体相当,警示标识与易燃气体相同。当实验室中低沸点的可燃液体和粉末状的可燃固体发生泄漏时,应该警惕可燃气溶胶的形成。

2. 易燃液体

当液体表面产生足够的蒸气与空气混合形成可燃性气体时,遇火源发生一闪即灭的现象称为闪燃。液体能发生闪燃的最低温度称为闪点。闪点低于 93 ℃的液体被归类为易燃液体,其警示标识与易燃气体相同。第 2 章中表 2-1 列出了一些常见的有机溶剂和试剂的闪点,根据这个标准,可见实验室常用的大部分有机溶剂如乙醇、丙酮、己烷、乙酸乙酯等都属于易燃液体的范畴(图 3-7)。化合物的易燃性和闪点可以在其 SDS 中的第 9 部分查阅。大量的易燃液体应该统一保管在阴凉、通风、防静电的仓库中。各实验室应尽量少量分批领取,尽可能减少易燃液体的储存量(一般不大于 20 L),且保管在专用的易燃品储存柜中。

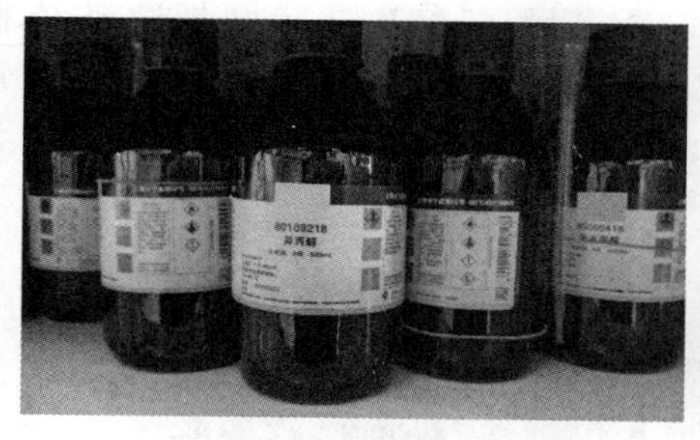

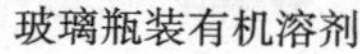

玻璃瓶装有机溶剂　　　　塑料桶和塑料瓶装的有机溶剂

图 3-7　实验室常见的易燃液体包装形式

3. 易燃固体

凡是燃点较低，在遇湿、受热、撞击、摩擦或与某些物品（如氧化剂）接触后，会引起强烈燃烧并能散发出有毒气体或烟雾的固体均称为易燃固体。按照燃烧难易程度的不同，易燃固体分为一级易燃固体和二级易燃固体两类。前者燃点低，极易燃烧甚至爆炸，且燃烧速率快，燃烧产物毒性大，包括红磷、硫化磷（P_4S_3）、三硝基甲苯（TNT）等。二级易燃固体燃烧性能较一级易燃固体差，燃烧时放出气体毒性较小，如金属铝粉、镁粉、硝基化合物、碱金属氨基化合物、萘及其衍生物等（图 3-8）。对于性质不确定的固体化合物，同样可以参考其 SDS 中第 9 部分的数据。此类化学品在保存时需要重点防范的是高温，或者可能导致局部高温的作用，例如撞击、摩擦以及缓慢氧化所集聚的热量。易燃固体标识与易燃气体相同。

扫码看彩图

图 3-8　实验室几种典型的易燃固体

3.2.4　自燃物、自热物质与自反应物质

1. 自燃物

与一般的易燃物需要在外部高温作用下引发燃烧不同，有一些化学品或混合物不需要外部能量供应，与空气中的氧反应就能够产生热量并引起燃烧。其中的一些化学品由于具有强烈的还原性，即使在量少的情况下也能与空气自发进行氧化还原反应，5 min 就能引起燃烧，称为自燃物。自燃物可以是液体、固体或者其混合物，它

们的警示标识与易燃物相同。许多强还原性金属、有机金属化合物等，暴露在空气中会自燃。实验室比较常见的有白磷（也称黄磷）、三烷基硼、三烷基铝、有机锂试剂、有机锌试剂和格氏试剂等（图 3-9）。这些试剂需要在隔绝氧化剂的条件下保存，例如白磷常被保存在水中以隔绝空气，而有机金属试剂的溶液需要在惰性气体氛围和低温环境下才有足够的稳定性。

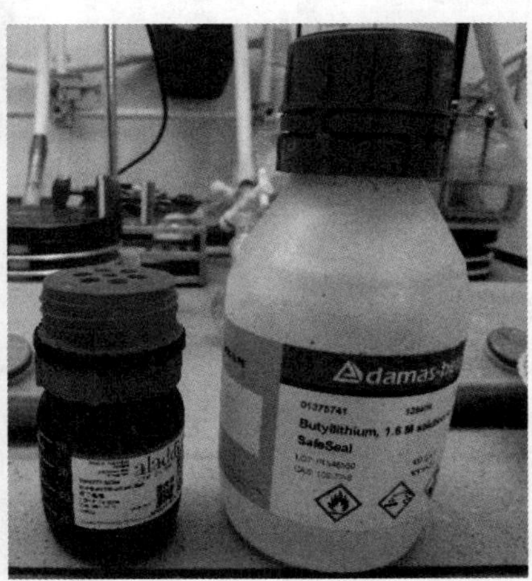

浸泡在水中的白磷　　惰性气体下储存的有机金属试剂

P, P, P, P, 225 pm　　H_3C, H_3C—C^---Li^+, H_3C　　Li^+, $\bar{C}H_2$, H_3C

图 3-9　实验室自燃的化学品

2. 自热物质、自反应物质及混合物

（1）自热物质：相比于自燃物，另一些液体、固体或混合物被氧气氧化的活性较低，仅在大量聚集（公斤级），并经过长时间（数小时或数天）热量累积后才会引发燃烧，称为自热物质。此类化学品大多是含有油脂的化合物或混合物，最大的安全隐患是引发火灾，因此它们的警示标识与易燃物相同。

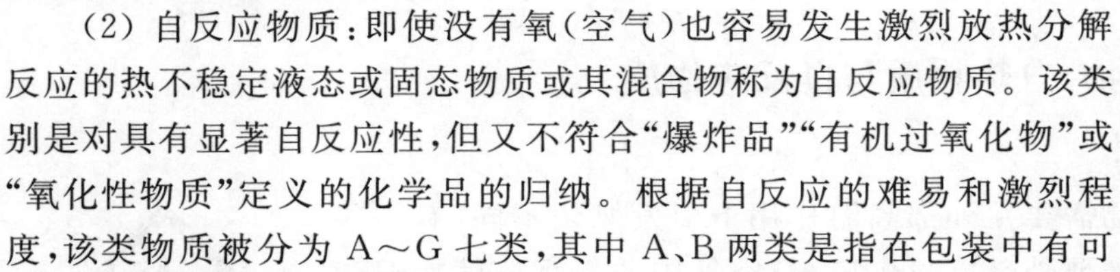

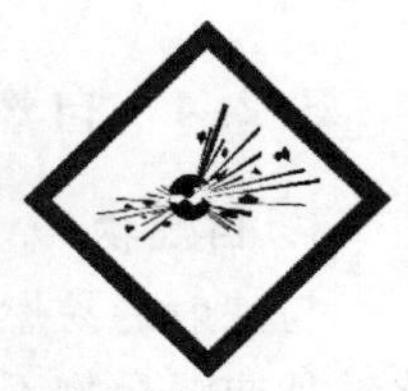

（2）自反应物质：即使没有氧（空气）也容易发生激烈放热分解反应的热不稳定液态或固态物质或其混合物称为自反应物质。该类别是对具有显著自反应性，但又不符合“爆炸品”“有机过氧化物”或“氧化性物质”定义的化学品的归纳。根据自反应的难易和激烈程度，该类物质被分为 A～G 七类，其中 A、B 两类是指在包装中有可能迅速起爆、爆燃或爆热，具有爆炸危险。典型的例子如肼基三硝基甲烷，它被用于固体火箭的推进剂的研究中。其警示标识与易爆品相同。而 C～G 五类的反应性较为温和，如有机偶氮化合物等，仅具有起火的危险，使用与易燃物相同的警示标识。

在对某一化学品的自热/自反应性质不明确时，可参考其SDS的第10部分：稳定性和反应性。

（3）遇水放出易燃气体的物质和混合物：与水相互作用产生危险量的易燃气体，并同时放出热量，从而引起燃烧的物质，称为遇水放出易燃气体的物质，也可称为遇湿易燃物品。此类物质的主要风险就是起火。它们除遇水易燃易爆之外，往往还有以下几个危险特性：①与酸或氧化剂反应更加剧烈；②与潮湿的空气作用后可能产生自燃危险；③许多此类遇水放出易燃气体的物质，如钠汞齐等本身具有毒性，遇水后还可能放出有毒气体和其他具有腐蚀性的产物。实验室可能保存和使用的，遇水放出可燃性气体的物质有碳化钙（又称乙炔钙或电石）、磷化铝等。

3.2.5 氧化性物质

自身未必可燃，但由于具有氧化性，会放出氧气等可能引起或促使其他物质燃烧的化学品称为氧化性物质。氧化性物质包括四个类别：氧化性气体、氧化性液体、氧化性固体以及有机过氧化物。其标识为在火焰形状下多了一个圆圈。

1. 氧化性气体、液体和固体

一般通过提供氧气，比空气更能导致或促使其他物质燃烧的气体称为氧化性气体。实验室常见的氧化性气体主要是钢瓶装的氧气，其他气体如氯气、氟气和二氧化氮等，在常规实验室并不常用。通过放出氧化性气体引起或促使其他物质燃烧的物质，根据其物理状态，称为氧化性液体或固体。实验室常见的氧化性液体有浓硝酸、氯水、液溴和过氧化氢溶液等。常使用的氧化性固体有高氯酸盐、过硫酸盐、高锰酸盐和重铬酸盐等一些高价态的金属氧化物，它们在与还原性物质接触时可能会导致强烈的化学反应，放出热量，引发燃烧，甚至爆炸。所以氧化性物质在实验室储存时必须与还原性物质分开，并且保持阴凉，远离热源，避免撞击（图3-10）。

2. 有机过氧化物

含有—O—O—结构，可视为过氧化氢的一个或两个氢原子被有机基团取代所形成的液态或固态有机物称为有机过氧化物。这类物质同时具有氧化性和易燃性，受热超过一定程度后可发生放热而加速分解，产生高活性含氧自由基。它们具有易于爆炸分解，迅速燃烧，对撞击或摩擦敏感，以及与其他物质发生危险反应的风险。所以，有机过氧化物的危险标识符号主要是爆炸和着火两种。

有机过氧化物主要是用作合成树脂的聚合引发剂或催化剂。在高分子材料领域，它可用作自由基聚合和接枝反应的引发剂、橡胶和塑料的交联剂、不饱和聚酯的固化剂以及纺丝级聚丙烯制备中的分子量分布调节剂。有机过氧化物在化学反应中也常被用作氧化剂，引入含氧官能团。实验室常用的有机过氧化物包括过氧化二苯甲酰、过氧化二月桂酰、过氧乙酸和过氧叔丁醇等（图3-11）。有机过氧化物在储存时除了要避免与还原性有机

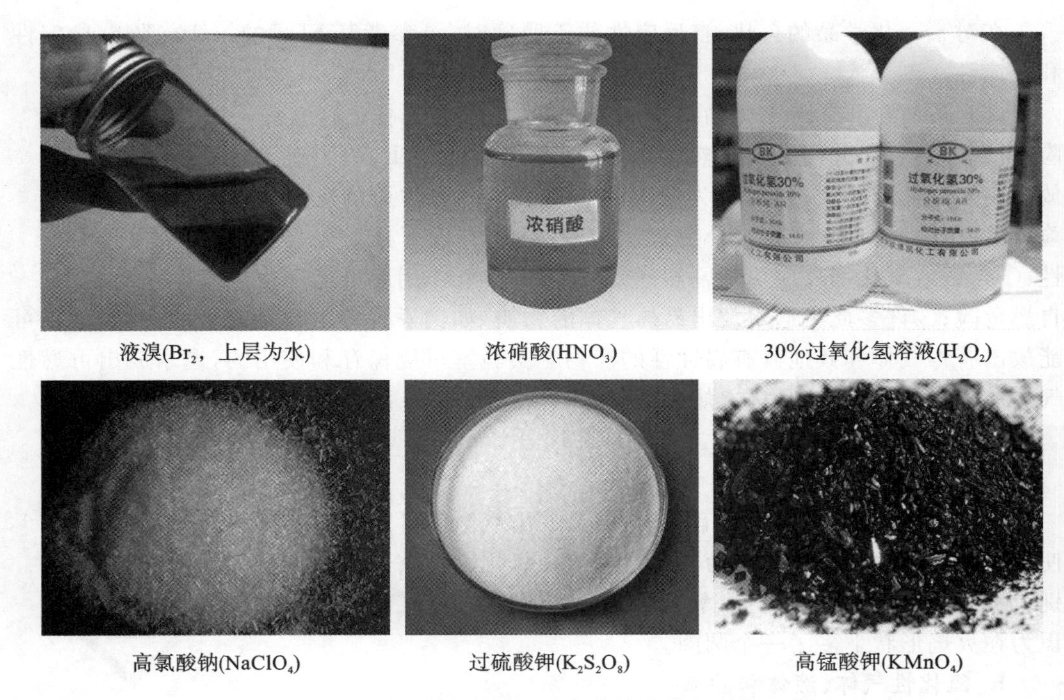

液溴(Br_2，上层为水)　浓硝酸(HNO_3)　30%过氧化氢溶液(H_2O_2)

高氯酸钠($NaClO_4$)　过硫酸钾($K_2S_2O_8$)　高锰酸钾($KMnO_4$)

图 3-10　实验室常见的氧化性液体和固体

物接触外，还需要警惕其自身的易燃、易爆和对热敏感的性质，一般使用塑料瓶包装，保存在防爆冰箱中。

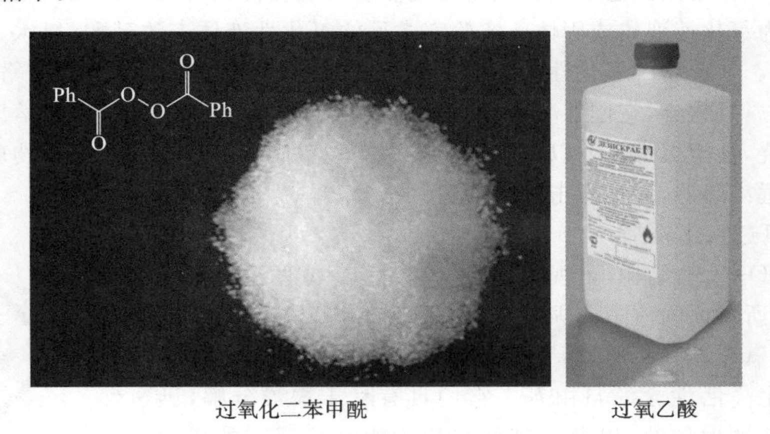

过氧化二苯甲酰　过氧乙酸

图 3-11　实验室常用的有机过氧化物

3.2.6　金属腐蚀品

腐蚀是指材料与化学品或环境物质接触后发生化学反应，导致其表面形貌或结构被逐渐损坏的现象。这个术语常被用来表示金属物质与氧化剂发生的电化学氧化反应，也可以被用于描述化学品灼伤人体皮肤组织和眼睛的现象，它们的警示标识统一由右侧图标表示。本小节主要介绍的是化学品对金属的腐蚀性，对于人体组织的灼伤性质将在下一小节健康危害部分进行讨论。金属腐蚀品按照化学性质，又可以分为酸性腐蚀品、碱性腐蚀品以及其他腐蚀品几类(图 3-12)。

锌和铁在稀硫酸中的腐蚀

铝箔在NaOH中的腐蚀

图 3-12 酸性和碱性金属腐蚀品

酸性腐蚀品根据腐蚀能力强弱，分为一级酸性腐蚀品和二级酸性腐蚀品。其中，一级酸性腐蚀品包括具有氧化性的强酸和遇湿能生成强酸的物质，包括硝酸、浓盐酸、浓硫酸、氢氟酸、苯甲酰氯和苯磺酰氯等。二级酸性腐蚀品包括磷酸、三氯化锑、四碘化锡和冰醋酸等。碱性腐蚀品包括氢氧化钠、氢氧化钾和醇钠等。其他腐蚀品包括亚氯酸钠溶液、氯化铜溶液、氯化锌溶液、苯酚钠和甲醛溶液等。金属腐蚀品万一泄漏会导致药品柜隔层被腐蚀并损坏，所以最好储存在专用的耐腐蚀药品柜中，或者用耐腐蚀的塑料托盘装起来，放置在药品柜的底层(图 3-13)。

图 3-13 金属腐蚀品的储存方法以及硬质塑料托盘

3.3 化学品的健康危害

化学品除了其理化性质所导致的易燃、易爆和金属腐蚀等危险性以外，还可能对接触和使用化学品的操作人员的身体健康造成不同程度和不同类型的伤害。说起化学品对动物机体的伤害，最容易联想到的是中毒与灼伤两个重要的类型。通常我们认为化学灼伤是化学品接触皮肤后造成的表面创伤，而中毒是药品进入机体后对生理功能产生了干扰。而实际上这两者之间很难严格地区分，例如经皮肤吸收的化学品也能进入循环系统而导致中毒，而吞食或吸入的化学品可能主要造成消化道和呼吸道表层的损伤。化学

品对人体健康产生危害的速度、程度、作用机制和作用器官各不相同，因此对此类危害进行简单明了且全面的分类是一件困难的事情。GHS将化学品的健康危害分为十个类别，分别为急性毒性、剧毒物、皮肤腐蚀/刺激、严重眼损伤/眼刺激、呼吸道或皮肤致敏、致癌性、生殖毒性、生殖细胞致突变性、特异性靶器官毒性(一次接触、反复接触)和吸入危害。

3.4 化学品的毒性

鉴于化学灼伤也可以被看作物质对局部组织的毒性，原则上可以认为所有具有健康危害性的化学品都具有毒性。毒性是指化学品或者其混合物与生命机体接触或进入生物体后，引起直接或间接损害的能力。它既可以针对整个生物体，也可以针对某一特定的器官。毒性是一个相对的概念，讨论化学物质毒性的关键就是剂量。即使我们平时认为无毒无害的水，在摄入过量后也会导致水中毒。而被认为是剧毒的化学品，在低于特定的剂量时，也不会对生命体造成实质的伤害。化学品对健康危害的程度不仅取决于物质本身的理化性质，还与机体的接触量、接触方式以及接触时间都密切相关，但在大多数情况下接触量是决定性因素。在接触方式和接触时间这些条件相同的前提下，化学品对机体造成损害所需的剂量越小，其毒性越高。

另一方面，根据化学品对生物体产生毒性作用的速度和持续时间，化学品的毒性可以分为短期健康效应和长期健康效应。短期健康效应主要指一次接触或短期内多次接触化学品后，较短时间内表现出的对健康的负面影响，例如急性毒性、皮肤腐蚀/刺激、严重眼损伤/眼刺激、呼吸道或皮肤致敏和吸入危害。而长期健康效应指一次或反复接触化学品后，一段时间后对生命体造成的损害，并持续较长的时间。例如致癌性、生殖毒性、生殖细胞突变和特异性靶器官毒性等。

化学品分别在短期和长期对健康造成的损害应该分开讨论，它们可能表现出不同程度的毒性，也可能在作用机制和靶器官上存在显著差异。例如亚硝酸钠在短期健康效应上仅表现出较低的急性毒性和中度的眼刺激，但在长期健康效应上却表现出致癌性；苯的急性毒性表现为中枢神经系统的抑制，但在长期健康效应上表现为对造血系统的严重抑制。

3.5 化学品的短期健康效应

1. 急性毒性

急性毒性是指机体(人或实验动物)一次(或24 h内多次)接触外来化学品之后所引起的中毒效应，严重的甚至导致死亡。急性毒性的警告标识见右图，用一个惊叹号表示。急性毒性与剂量、接触途径有密切关系(图3-14)。毒性物质的毒性分为急性口服毒性、皮肤接触毒性和吸入毒性。其毒性的强烈程度分别用经口LD_{50}、经皮肤LD_{50}和吸入(气体/烟雾、粉尘)LC_{50}来衡量。

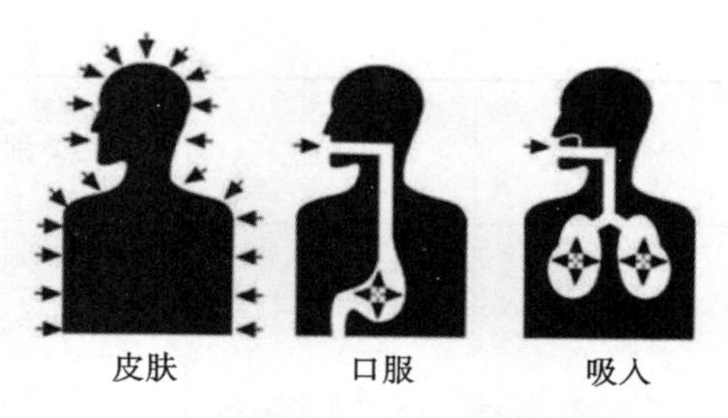

图 3-14　毒性化合物的几种典型接触方式

其中，LD_{50}为半数致死剂量（L＝lethal，D＝dose），即在一定时间内经口或经皮给予受试样品后，使50％受试动物发生死亡的剂量。LD_{50}的单位一般为有毒物质的质量与实验生物体重之比，如“mg/kg”，一般的测试动物为大鼠或小鼠。LC_{50}为半数致死浓度（L＝lethal，C＝concentration），指在一定时间内经呼吸道吸入受试样品后引起50％受试动物发生死亡的浓度。以单位体积空气中受试样品的质量（mg/m^3或mg/L）来表示。以甲醇的毒性数据为例，经口LD_{50}为1187～2769 mg/kg（大鼠）；经皮肤LD_{50}为17100 mg/kg（家兔）；吸入LC_{50}为128.2 mg/L（大鼠，4 h）。

急性毒性实验是了解外源化学品对动物机体产生急性毒性的根本依据，也是毒理学安全性评价的第一步工作，在不同类型化学品的法规程序中通常为必做实验。国家标准按照急性毒性估计值（acute toxic estimate，缩写为ATE）将毒性程度划分为五个类别。类别1毒性最强，类别5毒性最弱。根据GSH的分类指导意见，接触类别1和类别2的化学品有致命危险；接触类别3会导致中毒；接触类别4有害；接触类别5可能有害。化学品不同接触途径的详细分类依据参见表3-1。

表 3-1　急性毒性化学品的分类与临界标准

接触途径	单位①	分类类别	急性毒性估计值（ATE）	换算得到的急性毒性点估计值
经口	mg/kg	类别1	0＜ATE≤5	0.5
		类别2	5＜ATE≤50	5
		类别3	50＜ATE≤300	100
		类别4	300＜ATE≤2000	500
		类别5	2000＜ATE≤5000	2500
经皮肤	mg/kg	类别1	0＜ATE≤50	5
		类别2	50＜ATE≤200	50
		类别3	200＜ATE≤1000	300
		类别4	1000＜ATE≤2000	1100
		类别5	2000＜ATE≤5000	2500
气体	mg/L	类别1	0＜ATE≤0.1	0.01
		类别2	0.1＜ATE≤0.5	0.1
		类别3	0.5＜ATE≤2.5	0.7
		类别4	2.5＜ATE≤20.0	4.5
		类别5②		

续表

接触途径	单位①	分类类别	急性毒性 估计值(ATE)	换算得到的急性 毒性点估计值
蒸气③	mg/L	类别 1	0＜ATE≤0.5	0.05
		类别 2	0.5＜ATE≤2.0	0.5
		类别 3	2.0＜ATE≤10.0	3
		类别 4	10.0＜ATE≤20.0	11
		类别 5②		
粉尘④/烟雾⑤	mg/L	类别 1	0＜ATE≤0.05	0.005
		类别 2	0.05＜ATE≤0.5	0.05
		类别 3	0.5＜ATE≤1.0	0.5
		类别 4	1.0＜ATE≤20.0	1.5
		类别 5②		

注:①经皮肤或经口的 ATE 单位中 kg 特指体重。

②类别 5 的标准旨在识别急性毒性危害相对较低,但在某些环境下可能对易受害人群造成危害的物质。

③蒸气指物质或混合物从其液体或固体状态释放出来的气体形态。

④粉尘指悬浮在一种气体(通常是空气)中的物质或混合物的固态粒子;烟雾指悬浮在一种气体(通常是空气)中的物质或混合物的液滴;粉尘通常是通过机械过程形成的。

⑤烟雾通常是由过饱和蒸气凝结形成的或通过液体的物理剪切作用形成的。粉尘粒径小于 75 μm;烟雾颗粒通常小于 1 μm。

2. 剧毒物

国家安全生产监督管理局等相关单位公布的《剧毒化学品目录》明确了剧毒物的定义和判断标准,它是指具有非常剧烈毒性危害的化学品,包括人工合成的化学品及其混合物(含农药)和天然毒素。剧毒化学品的 GHS 警告标识为右侧所示的骷髅头。大鼠试验经口 LD_{50}≤50 mg/kg,或经皮肤 LD_{50}≤200 mg/kg,或吸入 LC_{50}≤0.5 mg/L(气体)、2.0 mg/L(蒸气)或 0.5 mg/L(烟雾/粉尘)的物质属于剧毒化学品。此外,也可参考国家标准中对急性毒性的分类,不同接触途径下归属于类别 1 和类别 2 的化学品均为剧毒物。

3. 皮肤腐蚀/刺激

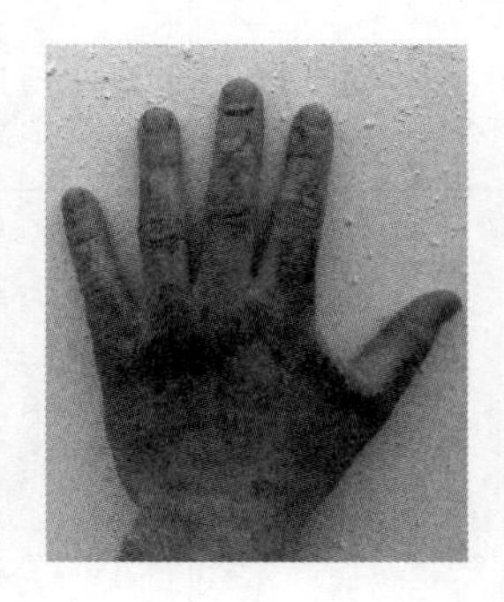

化学品与皮肤接触后,除通过皮肤组织渗入循环系统引起全身中毒之外,更直接的是引起接触部位皮肤组织的腐蚀和刺激,通常也称为化学灼伤。与热灼伤相比,化学灼伤有许多相似之处,但又有化学致伤物所造成的特殊病理变化。例如:①皮肤组织接触强酸、强碱或氧化还原剂可导致组织蛋白变性;②脂溶性物质导致脂肪组织溶解、损伤;③组织的胶体状态和通透性被破坏;④皮肤神经末梢感受器受损,出现皮肤感觉麻木或痛觉过敏等；⑤许多化学致伤物质可导致局部或全身性的病变等。

化学品对皮肤造成的不可逆伤害，即接触实验品 4 h 内可观察到表皮和真皮的坏死，称为皮肤腐蚀。典型的皮肤腐蚀具有溃疡、出血、血痂等特征。常见的具有活泼反应性的试剂，如硫酸、盐酸、硝酸、冰醋酸、氢氧化钠、高锰酸钾和重铬酸钾等都是典型的皮肤腐蚀试剂。此外，溴单质和一氯化碘、五氯化磷、氯化亚砜等活泼的卤代物，乙二胺、三乙胺、苯酚等有机物也具有强烈的皮肤腐蚀性。

相比之下，接触 4 h 后，仅对皮肤造成可逆伤害，被定义为皮肤刺激。根据这个标准，除一些性质特别稳定的物质之外，多数化学品都具有一定的皮肤刺激性，例如实验室中常用的试剂如丙酮、二氯甲烷、氯仿、碳酸钾、吡啶和吲哚等。因此，实验人员在使用化学品时应该确保正确的着装和个人防护，避免化学品与身体任何部位的皮肤直接接触。

4. 严重眼损伤/眼刺激

与皮肤相比，眼睛的构造更为复杂，对生理环境的变化更加敏感，所以在对化学品的危害性进行评价时，眼损伤和眼刺激是需要单独进行动物试验的。将试验品施用于眼睛前部表面进行暴露接触，若能引起眼部组织损伤，或导致严重的视觉衰退，且在暴露后的 21 天内尚不能完全恢复，则认为该物质具有严重眼损伤的属性。除常见的强酸、强碱、氧化/还原剂外，锌、铜、铁、锰等过渡金属盐，乙醇、乙腈、四氢呋喃、三乙胺、吲哚和苯胺等有机试剂也是可能造成严重眼损伤的物质。

如果试验品施用于眼睛前部表面进行暴露接触后，能引起眼睛的改变，但在暴露后的 21 天内出现的改变可完全消失，恢复正常，则被定义为具有眼刺激性。大多数化学试剂，例如常见的碳酸钠、吡啶、二氯甲烷、丙酮、乙二胺四乙酸(EDTA)、吲哚、苯甲醛等都属于这一类别。为了避免眼睛受到伤害，实验过程中佩戴护目镜也是个人防护的基本要求之一。

5. 呼吸道或皮肤致敏

与腐蚀和刺激不同，过敏指的是免疫系统暴露于某一曾经接触过物质时产生的响应。它包括两个阶段：第一个阶段是个体因接触某种过敏原而诱发特定免疫记忆(induction)；第二个阶段是引发(elicitation)，即某一过敏个体因再次接触某种过敏原而产生细胞介导或抗体介导的过敏反应。在测试一种化学品是否具有致敏性时，也需要经历诱发和引发两个阶段，一般来说，引发过敏所需的剂量一般低于诱发所需的剂量。

呼吸道致敏是指吸入(气体、蒸气、烟雾或粉尘)后会导致呼吸道过敏的物质，而皮肤致敏则用于描述皮肤接触后会导致过敏的物质。人体对化学品的免疫反应是一个复杂的过程，且因个体而异。乙二胺、苯胺、马来酸酐和邻苯二甲酸酐等，是常见的可能引起皮肤或呼吸道过敏的物质。相比之下,呼吸道过敏可能会引起哮喘,危险性更高。

6. 吸入危害

与本部分开头介绍过的三种接触方式之一的"吸入气体、蒸气、烟雾或粉尘(inhalation)"不同,此处的"吸入(aspiration)"特指异物通过口腔或鼻腔直接进入,或者因呕吐间接进入气管和下呼吸道,也称为误吸。这一分类主要用于评价液体或固体化学品进入肺部后给人体带来的危害。该过程可能会导致严重的后果,例如化学性肺炎、肺损伤,甚至窒息而死。

液体或固体化学品的吸入危害主要与其水溶性和黏度有关,水溶性越差,黏度越高的液体物质,导致危害的能力越强。日常消费品中典型的具有吸入危害的物质包括两类:一是脂肪族的碳氢化合物,例如汽油、松节油和煤油等;二是油脂类化合物,例如矿物油和植物油等。实验室中符合这些性质的物质更多,但是将液体或固体化学试剂通过口鼻吸入呼吸道是不常见且相对容易避免的事件。

3.6 化学品的长期健康效应

在接触化学品后,除了短时间内表现出的健康效应,还可能在更长的时间尺度上给人体带来不良的影响。除急性毒性,皮肤/眼睛/呼吸道灼伤和吸入危害外,国家标准中化学品危害分类中的致癌性、生殖毒性、生殖细胞突变性、特异性靶器官毒性都是指在较长时间尺度上对身体健康的影响。

1. 致癌性

物质或者混合物可导致癌症或增加癌症发病率的性质称为致癌性。癌症是由于细胞正常功能损伤后,有丝分裂的速率显著高于程序性凋亡,从而导致部分组织和器官恶性增殖所引起的疾病。致癌的物质可能通过对细胞代谢过程的干扰,或对 DNA 的损伤来增加癌症的风险,它们的特性之一是在短期内不一定表现出对生物体的损害,毒性隐蔽,容易被忽视。

合成化学品和天然毒素都可能具有致癌性。常见的化学致癌物有可吸入的粉末状石棉、二噁英类和稠环芳烃等。DNA 的碱基具有亲核性,许多可溶性的亲电试剂都可能与其反应,从而具有潜在的致癌能力,例如甲醛、碘甲烷以及一些环氧化合物。而在体内可以被转化为亲电试剂的化学品,也常被归类为致癌物,例如:乙醇在体内被醇脱氢酶氧化为乙醛,稠环芳烃(如苯并芘)在体内被氧化为亲电的环氧化合物,被认为具有致癌性。亚硝酸盐类化合物,因为能与食物中的胺反应生成亚硝胺,而被列为可能的致癌物。代表性的天然致癌物有酒精、黄曲霉毒素 B_1(常见于发霉的谷物和坚果等)、马兜铃酸(存在于马兜铃科植物中)和苏铁苷(存在于苏铁种子中)等(图 3-15)。

2. 生殖毒性

部分化学品在一次或反复接触后,在长期健康效应上表现为对成年人或哺乳动物

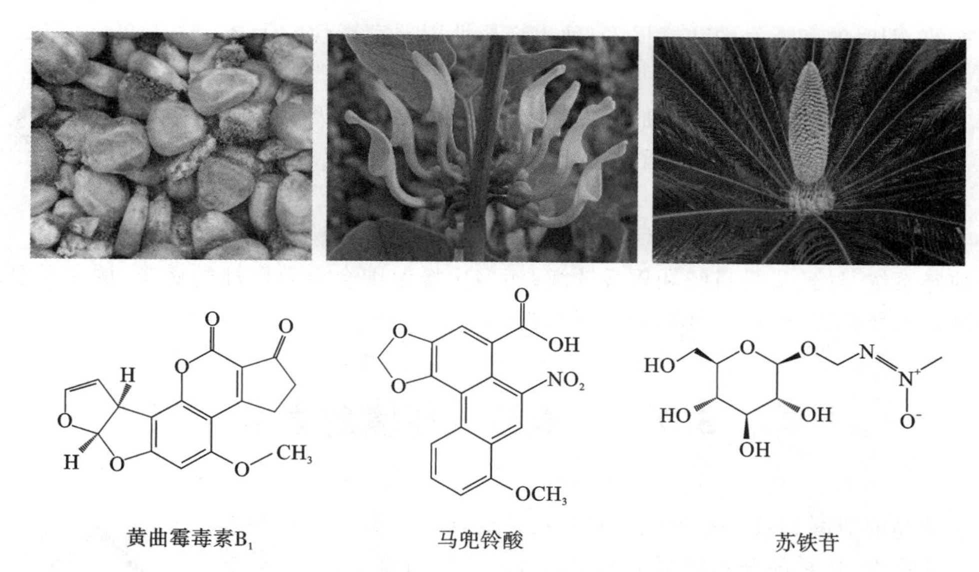

图 3-15 一些典型的具有强烈致癌性的天然化合物

生殖能力上的损害，称为生殖毒性。化学品的生殖毒性又分为两个主要方面：一方面是对个体性功能和生育能力的负面效应，包括对雌性生殖系统和雄性生殖系统的改变、生殖细胞的产生和输送、生殖周期的正常状态、性行为和生育能力的有害影响；另一方面是发育毒性，包括在出生前或出生后干扰胎儿发育的任何影响，这种影响的产生是由于受孕前父母一方的接触，或者正在发育之中的后代的接触。

这一分类的主要目的是对孕妇及有生育能力的男女提供危险性警告。实验室中可能接触到的具有生殖毒性的化学品包括各种铅盐、双酚 A，以及一些合成类的激素，例如己烯雌酚。

3. 生殖细胞致突变性

生殖细胞致突变性是指化学品引起人类生殖细胞发生可遗传给后代的突变的现象。与生殖毒性不同的是，生殖细胞突变并不导致接触个体发生疾病、生育力下降、胚胎或围生期死亡，仅表现在对生殖细胞显性的可以转基因的改变。由于基因突变发生在体细胞上表现为潜在的致癌性，所以生殖细胞致突变性和致癌性的化学品存在较大范围的重合。化学实验室可能接触到的生殖细胞致突变剂有苯、丙烯酰胺、环氧丙烷、苯胺、苯酚、镉离子、铬酸盐和重铬酸盐等。

4. 特异性靶器官毒性

特异性靶器官毒性是指身体在接触化学品后某些器官受到的毒害要显著高于其他器官的现象。《Casarett 和 Doull 的毒理学》一书中指出“大多数表现出系统毒性的化学品并不对所有器官表现出相似程度的毒性，而是主要作用于其中的一个或者两个器官上”。因此，接触物质后引起的特异性、非致命性的对于器官的健康效应（包括可逆的和

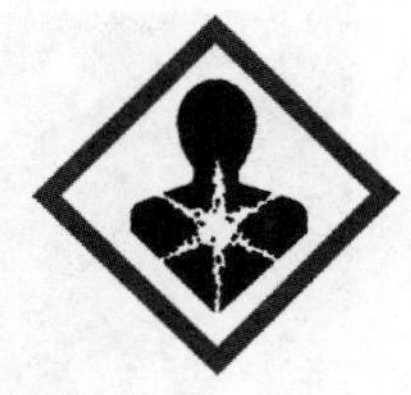

不可逆的、即时的和迟发的功能损害)称为特异性靶器官毒性。上述已经单独分类的急性毒性、皮肤腐蚀/刺激、严重眼损伤/眼刺激、呼吸道或皮肤致敏、致癌性、生殖细胞致突变性、生殖毒性和吸入危害虽然某种意义上也属于特异性靶器官毒性,但是不再重复记入此类。

特异性靶器官毒性又分为一次接触和多次接触两大类。一般来说,一次接触多造成即时、短期的影响,例如乙醚的一次接触会影响中枢神经系统,导致头晕目眩和昏昏欲睡;而多次接触则会导致慢性的病变,例如反复或长期吸入四氯化碳会导致肝脏和肾脏的损伤。

3.7 化学品的环境危害

化学品的泄漏和处置不当也能对环境造成危害。由于水体和大气流动的特性,化学品在水中溶解或挥发进入大气后难以控制,对水生环境和臭氧层的危害较为显著。水生环境危害物质通常由右侧的图标标识。当化学品的安全技术说明书(SDS)上有此说明时,尤其注意不要将该物质较长时间敞口存放,或让该物质泄漏到下水道中。特定化合物的环境危害一般列于 SDS 的第 12 部分。

化学品进入水体后,对鱼类、甲壳纲动物、藻类和其他水生生物造成的伤害称为水生环境危害。水生环境危害取决于化学物质的分解速率和作用期限,该危害也分为急性水生环境危害和长期水生环境危害。根据化学品危害程度的不同,急性水生环境危害和长期水生环境危害又分别分为 3 个等级和 4 个等级。具体的分类方案和判断标准可参考国家标准。常见的有水生环境危害的化学品有铅、镉、铜、锌、汞等重金属盐,亚硝酸钠,以及苯酚、氯仿、苯胺、吲哚等有机物。

臭氧危害的化学品主要包括一些氟氯代烷烃(图 3-16),其对臭氧层的破坏能力用臭氧消耗潜能值来衡量。臭氧消耗潜能值指的是某种化合物的差量排放相对于同等质量的三氯氟甲烷而言,对整个臭氧层的综合扰动比值,具体数值可参考《关于消耗臭氧层物质的蒙特利尔议定书》和国家标准。

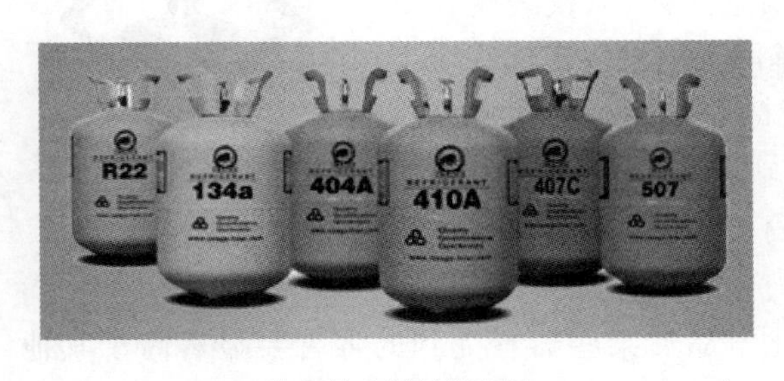

常见的含氟氯制冷剂

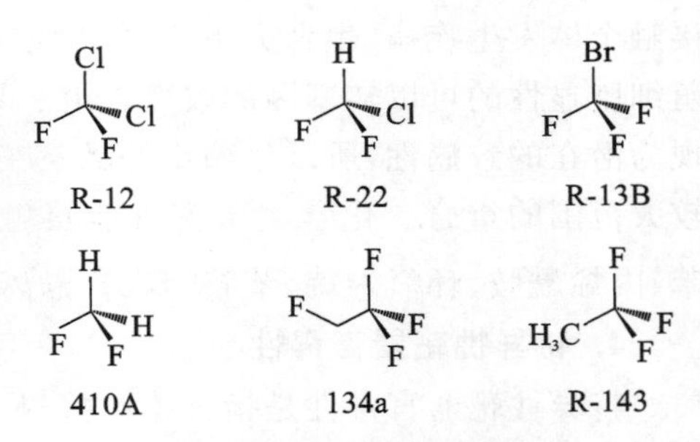

常见含氟制冷剂的化学结构

图 3-16 一些常见的危害臭氧层的化合物

综上所述，化学品的理化危害、健康危害和环境危害兼具普遍性和复杂性。实验人员在做好个人防护的基本前提下，对于初次使用或性质不熟悉的化学品，一定要事先仔细阅读安全技术说明书(SDS)，以尽可能将化学品在消防安全、健康和环境方面造成的危害降至最低。

3.8 危险化学品的管理与分类存放

3.8.1 易制毒与易制爆化学品的管理

易制毒是指具有可以作为原料或辅料而制成精神类管制药品的性质。易制毒化学品的分类根据国家管制类精神类药物而定，本身并不一定是毒品或危险化学品。化学实验室常用溶剂，如乙醚、丙酮、醋酸酐、甲苯等都属于易制毒化学品。有机化合物如1-苯基-2-丙酮、3,4-亚甲基二氧苯基-2-丙酮和麻黄碱等因与苯丙胺结构相关，也被列为易制毒化学品。

易制爆是指化学品可以作为原料或辅料而制成爆炸品的性质。易制爆化学品通常包括强氧化剂、可燃/易燃物、强还原剂和部分有机物。实验室常用的丙酮、高氯酸盐、硝酸盐、硝基类化合物、双氧水以及有机过氧化物等都属于易制爆化学品。

为了防止被不法分子利用从而危害社会，易制毒与易制爆化学品的购买、保管与使用需严格遵守国家和地方的法律法规。各单位对采购易制毒与易制爆化学品的管理方法和采购流程不尽相同，使用者在购买试剂时需首先查明药品是否属于这一类范畴，然后咨询安全管理部门，按照标准流程申购、保管和使用。

3.8.2 危险化学品的储存与管理

大量化学品的存放须严格遵循国务院发布的《危险化学品安全管理条例》中的要求，保存在专门的仓库中。此外，各学校和单位，通常也会发布更加详细、更加适用于具体情况的化学品安全管理条例。实验室内少量危险化学品的存放也需要遵守学校和学院的规定，根据以下几项基本要求进行分类存放。

(1) 实验室需建立并及时更新化学品台账，及时清理无名、废旧化学品。

(2) 所有化学品和配制试剂都应贴有明显标签，注明内容物的成分和CAS号等必要信息。杜绝标签缺失、破损和新旧标签共存等现象(图3-17)。

(3) 剧毒化学品、麻醉类和精神类药品需存放在不易移动的保险柜或带双锁的冰箱内，实行双人领取、双人运输、双人使用、双人双锁保管的“五双”制度，并切实做好相关记录。储存单位应当将储存剧毒化学品以及构成重大危险源的其他危险化学品的数量、地点以及管理人员的情况，报当地公安部门和负责危险化学品安全监督管理综合工作的部门备案。

(4) 易爆品应与易燃品、氧化剂隔离存放，宜存于20 ℃以下，最好保存在防爆试剂柜、防爆冰箱或经防爆改造过的冰箱内(图3-18)。

错误示例：原标签损毁，药品信息不全

正确示例：清晰的标签，注明名称和CAS号

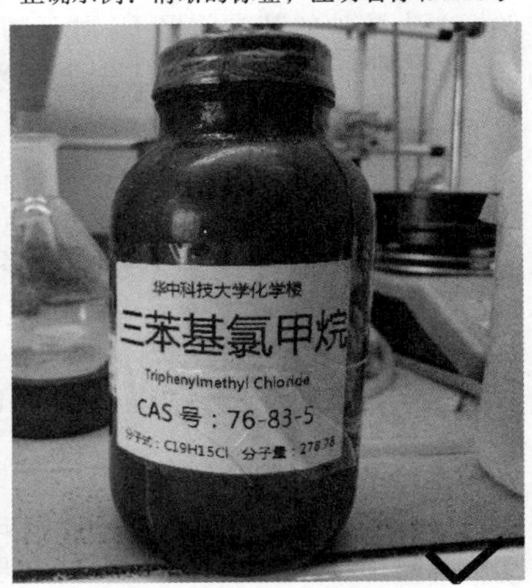

图 3-17　老旧化学试剂瓶的正确标签

图 3-18　易燃易爆试剂存放柜及防爆冰箱中的化学试剂

（5）还原剂、有机物等不能与氧化剂、硫酸及硝酸混放。

（6）强酸（尤其是硫酸）不能与强氧化性的无机盐（如高锰酸钾、氯酸钾）混放；遇酸可产生有害气体的盐类（如氰化钾、硫化钠、亚硫酸钠、氯化钠、亚硫酸钠等）不能与酸混放。

（7）易产生有毒气体（烟雾）或难闻刺激性气味的化学品应存放在配有通风吸收装置的试剂柜内。

（8）钠、钾等碱金属应储存于煤油中；黄磷、汞应储存于水中。

（9）易水解的药品（如酸酐、酰氯、二氯亚砜）不能与水溶液、酸、碱等混放；卤素（氟氯溴碘)不能与氨、酸及有机物混放;氨不能与卤素、汞、次氯酸、酸等接触。

(10) 腐蚀品应存放在防腐蚀试剂柜的下层,或下垫防腐蚀托盘,置于普通试剂柜的下层(图 3-19)。

图 3-19 安装防腐蚀内衬的试剂柜

(11) 对于没有特别提及的化学品,其储存方式应参考 SDS 中的第 7 部分——操作处置与储存。

习题

习题答案

1. 对常用的又是易制毒的试剂,应( )。

A. 放在试剂架上　　B. 放在抽屉里,并由专人管理

C. 锁在实验室的试剂柜中,并由专人管理

2. 具有下列哪些性质的化学品属于化学危险品?( )

A. 爆炸　　B. 易燃、腐蚀、放射性

C. 毒害　　D. 以上都是

3. 易燃液体加热时可以( )。

A. 用电炉加热,并有人看管　　B. 用电热套加热,可不用人看管

C. 用水浴加热,并有人看管　　D. 用水浴加热,不用人看管

4. 药品中毒的途径有哪些?( )

A. 呼吸器官吸入　　B. 由皮肤渗入　　C. 吞入　　D. 以上都是

5. 易燃、易爆化学品等应该存放在( )。

A. 烘箱、箱式电阻炉等附近　　B. 冰箱、冰柜等附近

C. 阴凉通风的专用防爆药品柜内　　D. 密闭的玻璃容器内

6. 以下化合物中,全是遇水发生剧烈反应,容易产生爆炸或燃烧的化学品是( )。

A. K、Na、Mg、Ca、Li、AlH_3、电石　　B. K、Na、Ca、Li、AlH_3、MgO、电石

C. K、Na、Ca、Li、AlH_3、电石　　D. K、Na、Mg、Li、AlH_3、电石

7. 以下几种气体中，无显著毒性的是(　　)。

A. 氧气　　B. 一氧化碳　　C. 硫化氢　　D. 氰化氢

8. 爆炸物品在发生爆炸时的特点有(　　)。

A. 反应速率极快，通常在万分之一秒以内即可完成

B. 释放出大量的热

C. 产生大量的气体

D. 以上都是

9. 化学品库中的一般药品应如何分类？(　　)

A. 按生产日期分类

B. 按类别和性质分类，避免相互剧烈反应的化合物混放

C. 随意摆放

D. 按购置日期分类

10. 硝酸铵、硝酸钾、高氯酸及其盐、重铬酸及其盐、高锰酸及其盐、过氧化苯甲酸、五氧化二磷等是强氧化剂，使用时应注意(　　)。

A. 环境温度不要高于 30 ℃

B. 通风要良好

C. 不要加热，不要与有机物或还原性物质共同使用

D. 以上都是

11. 实验室内使用乙炔时，说法正确的是(　　)。

A. 室内不可有明火，不可有产生电火花的电器

B. 房间应密闭

C. 室内应有高湿度

D. 乙炔用铜管道输送

12. 盐酸、甲醛溶液、乙醚等易挥发试剂应如何合理存放？(　　)

A. 和其他试剂混放　　B. 放在冰箱中

C. 分类存放在干燥通风处　　D. 放在密闭的柜子中

13. 有些固体化学试剂(如硫化磷、赤磷、镁粉等)与氧化剂接触或在空气中受热、受冲击或摩擦能引起急剧燃烧，甚至爆炸。使用这些化学试剂时，要注意什么？(　　)

A. 移除周围的其他可燃物　　B. 周围温度最好在 20 ℃以下

C. 不要与强氧化剂接触　　D. 以上都是

14. 以下不具有强酸性和强腐蚀性的物质是(　　)。

A. 氢氟酸　　B. 碳酸　　C. 稀硫酸　　D. 稀硝酸

15. 危险化学品包括哪些物质？(　　)

A. 爆炸品，易燃气体，易燃喷雾剂，氧化性气体，加压气体

B. 易燃液体，易燃固体，自反应物质，可自燃液体，自燃自热物质，遇水放出易燃气体的物质

C. 氧化性液体，氧化性固体，有机过氧化物，腐蚀性物质

D. 以上都是

16. 下面哪些物质彼此混合时，不容易引起火灾？(　　)

A. 活性炭与硝酸铵

B. 金属钾、钠和煤油

C. 磷化氢、硅化氢、烷基金属化合物、白磷等物质与空气接触

D. 可燃性物质(木材、织物等)与浓硫酸

17. 以下不需要存放在密封的干燥器内的药品是(　　)。

A. 过硫酸盐　　B. 五氧化二磷　　C. 三氯化磷　　D. 盐酸

18. 以下哪种物质相对不易造成皮肤灼伤？(　　)

A. 强碱、强酸　　B. 强氧化剂

C. 溴　　D. KBr、NaBr 水溶液

19. 关于存放自燃性试剂说法错误的是(　　)。

A. 单独储存　　B. 储存于通风、阴凉、干燥处

C. 存放于普通试剂架上　　D. 远离明火及热源，防止太阳直射

20. 金属 Hg 具有较强毒性，常温下挥发情况如何？(　　)

A. 不挥发　　B. 慢慢挥发

C. 很快挥发　　D. 需要在一定条件下才会挥发

21. 下列何者是会发生爆炸的物质？(　　)

A. 氧化锌　　B. 三硝基甲苯　　C. 四氯化碳　　D. 氧化铁

22. 下列物质不属于剧毒物的是(　　)。

A. 碘甲烷、硫酸二甲酯　　B. 丙烯醛、氢氰酸

C. 五氯苯酚、铊　　D. 硫酸钡

23. 下面哪组溶剂不属于易燃液体？(　　)

A. 甲醇、乙醇　　B. 四氯化碳、水

C. 乙酸丁酯、石油醚　　D. 丙酮、甲苯

24. 以下药品受震或受热可能发生爆炸的是(　　)。

A. 过氧化物　　B. 高氯酸盐　　C. 乙炔铜　　D. 以上都是

第4章　化学实验室的基本安全操作

化学实验室是制备化学物质、测试物质性质和结构、探索和创新合成工艺的场所。因此，实验人员对化学试剂和仪器设备的使用是最基本的日常需求。由于种类繁杂的化学试剂、局部高/低温、高压/真空环境和电磁辐射等多种风险因素集中在有限的空间内，化学实验室历来就是安全事故的高发地。事实上，多数实验室安全事故都是由实验者的操作不当而引起的。实验室中的眼睛受伤、皮肤灼伤、锐器割伤等小型事故，往往是由实验者的不规范操作或者没有采取必要的防护措施所导致的。2008年，加州大学洛杉矶分校的研究助理 Sheri Sangji 在使用叔丁基锂时发生泄漏，由于没有穿戴防护服且没有做好应急措施，导致衣物着火、严重烧伤后不治身亡。因此，只有管理者和使用者双方都做到规范操作，才能将实验室发生事故的风险降到最低。本章主要介绍实验人员在进行基本实验操作时需要注意的一些事项，包括实验前准备与人身防护、玻璃器皿的正确使用、化学试剂的使用规范、典型实验操作安全注意事项，以及化学反应的后处理操作等几个部分。

4.1　实验前准备与人身防护

4.1.1　实验前准备

良好的安全意识可以有效地降低实验过程中事故发生的风险。在进入实验室进行学习和研究之前，实验人员必须做好充分的准备。

(1) 熟悉实验室周围的环境和安全设施，包括安全出口、灭火器材、紧急喷淋系统和洗眼台的位置等；

(2) 对于非教学型的实验室，需熟悉室内的水、电、气总开关；

(3) 不得将书包、食品、饮料和化妆品等非实验必需品带入实验室；

(4) 穿戴好防护用品，包括实验服、手套、口罩以及护目镜等，不得穿短裤、裙子、拖鞋、凉鞋或高跟鞋等进入实验室；

(5) 掌握着火、爆炸、触电、烧伤和中毒等安全事故应急处理的基本常识，详情可阅读本书第八章；

(6) 严格遵守学校、学院和实验室管理人员制订的其他安全细则。

4.1.2　实验室个人防护设备

实验室中最大的风险往往源于未知，例如意外破碎的玻璃器皿、烧杯中溅出的化学品、空气中弥漫的蒸气或烟雾、桌面上残余的未知试剂、掉落在地上或水槽中的针头等。

许多小的危险会以难易预料的方式出现在实验室工作中，个人防护设备是阻挡有害物品对身体造成伤害的一道有效防线。因此，要在实验过程中做好全程防护，保证眼睛、口鼻和皮肤不直接与化学品接触。

1. 实验防护服

实验防护服是指在进行实验时保护身体和衣物的工作服。普通防护服是由棉或麻布制作的，长袖并及膝，颜色通常为白色，故亦称白大褂。为适应特殊用途，也可以选择购买防火或者耐腐蚀的实验服，这些实验服一般选用特定材质的纺织品制作而成，可以起到短暂的防火或抗腐蚀的作用。一般来说，由棉和聚酯类纤维纺织而成的防护服有一定的抗化学腐蚀功能，因此在实验室、医院等工作场合中广泛使用。聚芳酰胺类织物有较好的防火性质，此类面料有 Nomex® 和 Kevlar® 等，常被用于制作防火工作服(图 4-1)。需要注意的是，膝部以下的部分无法通过防护服进行遮挡，所以进入实验室时一定要着长裤和能覆盖整个脚背的鞋子。

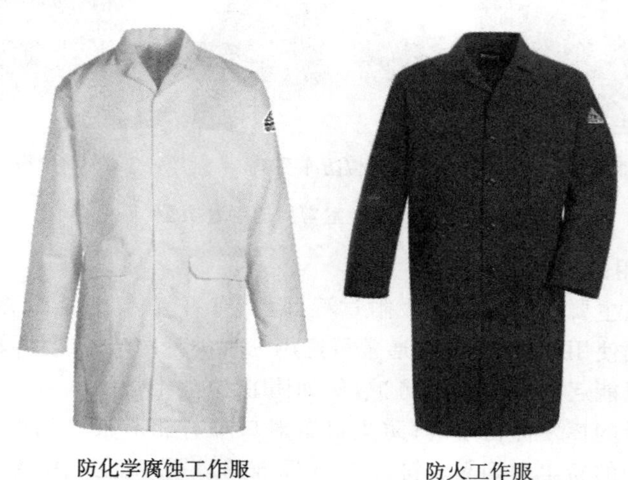

防化学腐蚀工作服
(棉或聚酯类面料)

防火工作服
(聚芳酰胺类面料)

图 4-1　实验室常见的防护服类型

2. 防护手套

手是在实验中接触化学物质最多的部位。根据使用场合的不同，实验室会用到多种类型的手套。在日常实验操作中，乳胶手套和丁腈手套在保持轻便与灵活性之余，可提供比较基本的保护。乳胶手套采用天然橡胶制成，弹性好，适用于生物相关性实验以及处理水性的物质，但在使用化学试剂，特别是脂溶性的有机试剂时提供的保护有限。此外，乳胶手套破损时不易被发现，还有部分人天生对乳胶过敏。丁腈手套相比于乳胶手套，能提供类似的灵活性和更好的化学防护能力。丁腈手套遇到微小破损时，易于发展为更大的裂口，便于发现并及时更换。然而，以上两种手套都不足以应对强酸、强碱等腐蚀性化学品。聚氯乙烯(PVC)或氯丁橡胶制成的手套则能提供较好的防腐蚀性，因此，使用酸缸、碱缸清洗玻璃瓶时，应该选用加厚的 PVC 或氯丁橡胶手套；接触高温物体时，应选用耐高温的加厚棉布手套；使用液氮或干冰时，应选用低温防冻手套；存在锐器割伤风险时，应选用金属线或高强度聚合物制成的防割伤手套(图 4-2)。

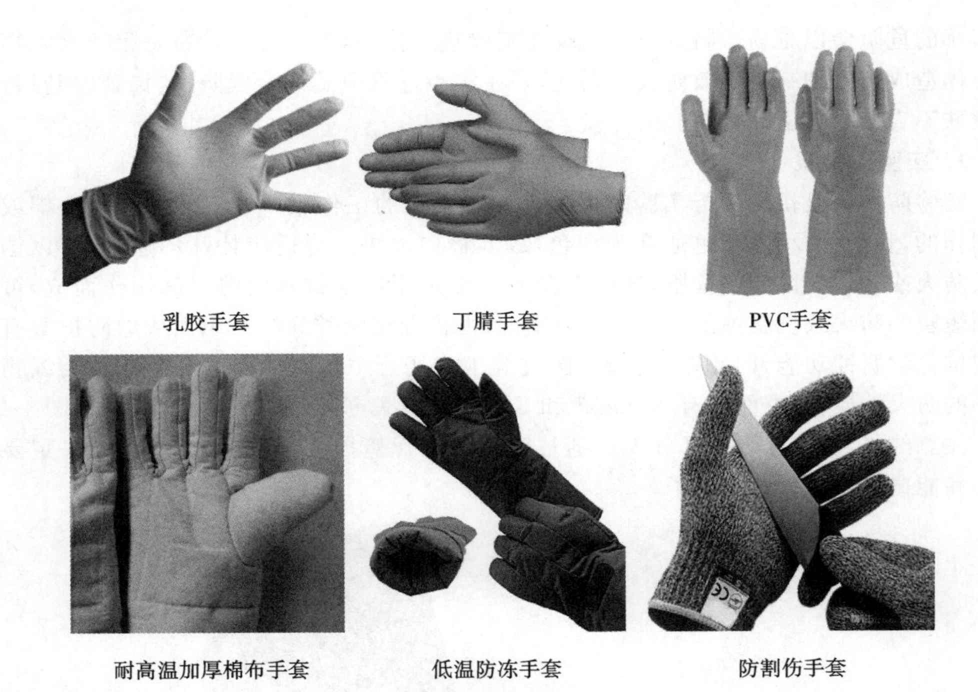

乳胶手套　　丁腈手套　　PVC手套

耐高温加厚棉布手套　　低温防冻手套　　防割伤手套

图 4-2　实验室常用的手套类型

3. 口鼻防护用品

口鼻防护用品主要通过过滤或吸附过程，阻挡有害气体、粉尘及烟雾等有害化学品接触实验者。根据使用场景的不同，通常可选用三种类型的口罩或面具。如图 4-3 所示，活性炭口罩一般只能起到最简单的防护，例如阻止少量化学品溅入口鼻、防止吸入大颗粒粉尘和吸附少量的挥发性物质等；防尘口罩对口鼻有相对较好的保护能力，并可通过静电作用过滤较细的粉尘和烟雾。符合 N95 标准的口罩，对空气中直径为 0.075 μm 左右的颗粒过滤率达 95%以上。但是，在发生化学品泄漏，现场存在大量烟雾或使用挥发性剧毒物质时，需要使用保护性更好、过滤能力更强的防毒面具，并及时更换滤芯。

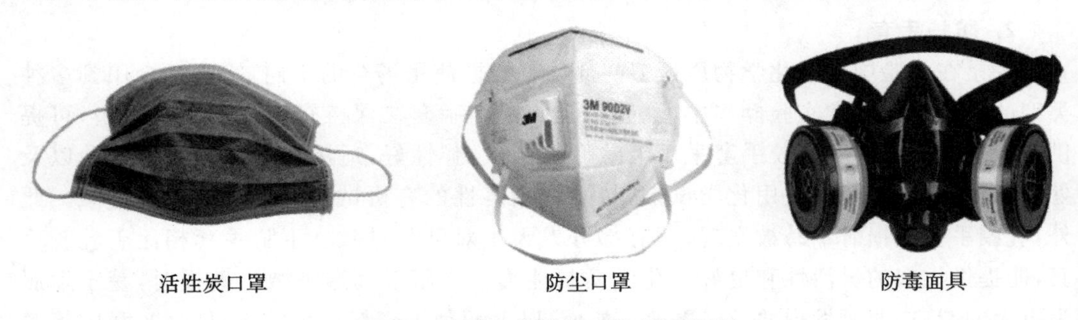

活性炭口罩　　防尘口罩　　防毒面具

图 4-3　实验室常用的口罩/防毒面具

4. 眼部防护用品

眼睛是人体重要且敏感的器官之一，实验室中的化学品、烟雾、碎玻璃和潜在的喷溅物等都有伤害眼睛的危险。无论实验者是否佩戴普通眼镜，进入实验室进行化学实验时都需要佩戴护目镜。图 4-4 是常用护目镜和面罩，它们都由聚合物制成，不易破碎或产生碎片。图 4-4(a)较为轻便，类似于普通的眼镜；图 4-4(b)可以实现较好的包裹，可以避免飞溅的液体进入眼睛，用皮筋固定在头上，更适合本来佩戴近视镜的实验者；图 4-4(c)的面罩也是一种很有效的眼部防护用品，能够有效地遮挡飞溅的固体或飞沫，而且能遮住整个面部。

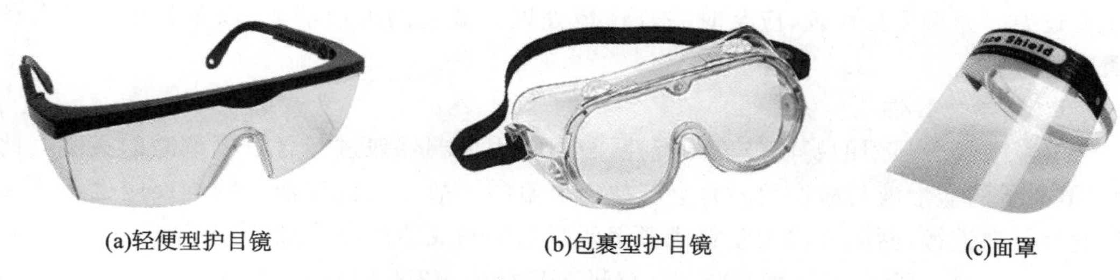

(a)轻便型护目镜　(b)包裹型护目镜　(c)面罩

图 4-4　实验室常用的几种眼部防护设备

4.2　玻璃器皿的正确使用

玻璃有很高的化学稳定性和热稳定性，有很好的透明度、一定的机械强度和良好的绝缘性能。因此玻璃器皿广泛地应用于各种研究场所，如化学实验室、医学检验实验室和生物实验室等。然而，玻璃也具有坚硬、易碎、碎片锋利等特点，为实验者的操作带来潜在的风险。如何正确、安全地使用玻璃仪器是初学者进入实验室前必须掌握的知识。本节将从玻璃器皿的选用、组装、加热冷却、压力下操作，以及清洗干燥等几个方面来介绍正确使用玻璃器皿的注意事项(图 4-5)。

图 4-5　实验室中的玻璃器皿和警示标识

4.2.1　玻璃器皿的选用

实验室所用的玻璃器皿通常根据实验需求的不同，采用不同的材质制成，有的仅限

于常温常压下使用,有的则可以用于高温高压的情况。某些化学物质会与玻璃反应或损坏(蚀刻)玻璃,因此,操作者需要对不同类型玻璃器皿的用途有初步的了解,确定玻璃器皿与化学品或工艺的兼容性。如果实验过程涉及玻璃腐蚀品、温度或压力的变化,须确保玻璃器皿能够承受这些变化。使用玻璃器皿进行实验之前,务必检查其是否存在缺陷。如果发现缺陷,应停止使用该器皿,因为玻璃上的划痕可能会在使用中变成裂缝,并导致破裂。如果无法修理,应及时并合理地处理有缺陷的玻璃器皿,以免其他实验人员误用。

1. 化学兼容性

氢氟酸具有强烈的腐蚀玻璃的特性,故不能用玻璃器皿进行含有氢氟酸的实验。此外,氟离子的盐溶液与酸作用时也会释放出氢氟酸。故含有此类混合物的反应也不能在玻璃容器中进行,而应该选用塑料或者聚四氟乙烯制成的反应器皿(图 4-6)。

$$Na_2SiO_3(s)+8HF(aq) \longrightarrow H_2SiF_6(aq)+2NaF(aq)+3H_2O(l)$$

图 4-6　用于含氟试剂的非玻璃反应容器

碱液特别是浓的或热的碱液也能明显地腐蚀玻璃,因此玻璃器皿不能长时间储存碱液。尤其是玻璃的磨口处,其比表面积较光滑处更大,腐蚀速率更快。在碱的作用下通常会使两个磨口玻璃器件(如磨口瓶和玻璃塞、烧瓶和冷凝管、漏斗的活塞等)粘在一起无法打开。使用带磨口的玻璃器皿装盛碱性溶液时,须将磨口处的残余液体擦拭干净,避免出现使用后无法分离的情况。

2. 承压玻璃器皿

玻璃的耐压能力与其材质、厚度、形状和使用环境都密切相关。因此,很难快速准确地判断一件玻璃器皿是否具有耐高压或真空的能力。一般情况下,尽量避免玻璃器皿处于压力状态下工作。如果需要在真空或者减压条件下进行实验,须确保所使用的玻璃能承受一定的压力差,应尽可能选择圆底和厚壁的玻璃器皿。

如果有条件,最好选用聚合物包裹的玻璃器皿进行压力下的操作。这样即使在发生玻璃破裂的情况下,也可以避免玻璃飞溅对实验人员和其他设备造成伤害(图 4-7)。

3. 高/低温兼容性

常规的玻璃由于具有较显著的膨胀系数,在承受急剧的温度变化时,往往容易发生破裂。用于化学实验的玻璃器皿一般都采用高硼硅玻璃制成,它们具有更低的热膨胀系数，也更耐高温。因此，在进行加热或低温冷却实验时，务必选用专业的玻璃器皿，切忌用常规玻璃器皿替代。

4.2.2 玻璃器皿的组装

许多实验装置由多个玻璃器件、橡胶、四氟乙烯及普通塑料等部件组成。例如，一套常压蒸馏装置通常包括圆底烧瓶、蒸馏头、冷凝管、温度计、温度计套管、冷凝水管、尾接管和接收瓶等。选择合适类型的玻璃器皿后，正确组装一套稳定可靠的玻璃设备，是保证实验安全的重要基础。

图 4-7 聚合物包裹的圆底瓶

使用玻璃器皿时，首先应注意以下几点基本事项：①佩戴护目镜；②处理碎玻璃，或当所进行的操作有玻璃破裂的风险时，应该戴防护手套；③手持较大的玻璃器皿时，最好使用双手，其中一只手从下方托住玻璃器皿；④当玻璃器皿往下掉落时，不要尝试用手去接，避免割伤风险。

组装玻璃器皿时，应首先选定主要仪器的位置，用烧瓶夹固定。然后按照一定的顺序，一般是从下到上，从左到右逐个装配其他部件，并检查各处接口是否配套，部件之间的连接必须做到位置适当和松紧度适当，切忌使玻璃器皿任何部分承受过度的压力和应力。拆卸仪器时，按照与装配时方向相反的顺序，将各组件逐个拆除。

1. 玻璃器皿之间的磨口连接

玻璃器皿之间通过标准磨口的方式进行连接，以实现灵活的组装，并保证良好的密闭性。根据器皿容量大小及用途不同，通常标准磨口有 14、19、24 口等，这些编号指磨口直径的大小。例如编号“14/20”表示磨口的直径为 14 mm，长度为 20 mm（图 4-8(a)）。从原则上讲，具有相同编号的标准磨口仪器可以严密地相互连接（图 4-8(b)），可以按照需要组装成各种实验装置。组装带有不同尺寸磨口的仪器时，可借助于有两个磨口的转接头进行连接（图 4-8(c)、(d)）。尽管玻璃磨口间有一定的摩擦力防止两个部分脱落，但还是推荐使用图 4-8(b) 中的塑料卡扣将两个部件固定在一起，以确保不会滑落摔碎。

需要注意的是，分液漏斗、滴液漏斗、酸式滴定管和油水分离器的玻璃旋塞不一定是标准磨口，不能随意调换。这些非标准磨口，即使在调换后看起来匹配，使用过程中也可能出现漏液的情况。所以这些带玻璃旋塞的装置，最好将磨口塞与主体用绳子或皮筋系在一起（图 4-9）。近年来这种非标准磨口的活塞逐渐被聚四氟乙烯活塞所替代。

使用带磨口的玻璃器皿时应注意以下几点。

(1) 磨口必须干净，不得粘有固体物质，否则会使磨口对接不紧密而导致漏气，甚至会损坏磨口。

(2) 安装标准磨口仪器装置时，应注意整齐、正确，使磨口连接处不受歪斜的应力，否则仪器易折断，切不可在有角度偏差时硬性装卸。

(3) 用后应立即拆卸洗净，否则，长期放置后磨口的连接处常会粘连，难以拆开。

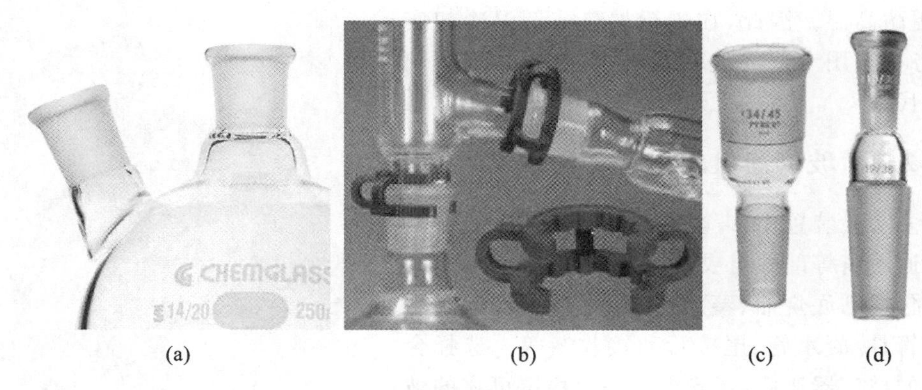

(a) (b) (c) (d)

图 4-8 标准玻璃磨口及塑料卡扣

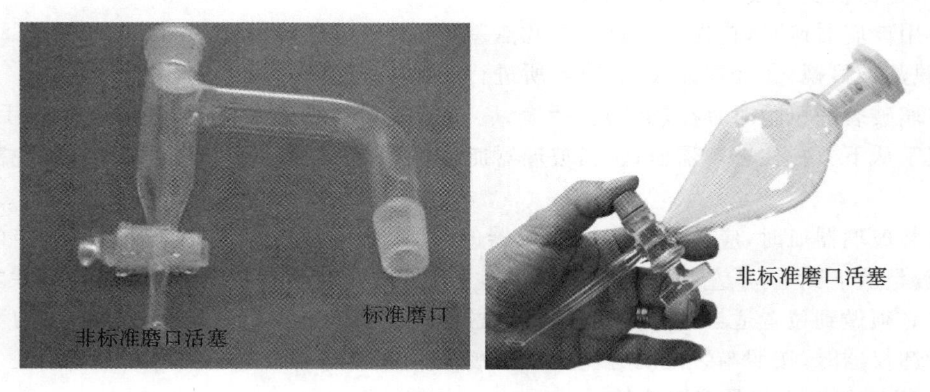

图 4-9 油水分离器与分液漏斗中的非标准磨口活塞

(4) 若装置需要很高的气密性,可在磨口处涂少量真空硅脂,以增加密合性,同时也能避免磨口在压力下卡住,有助于仪器的拆卸;若容器中装盛了强碱性的液体,最好使用聚四氟乙烯套管将玻璃磨口隔开(图 4-10)。

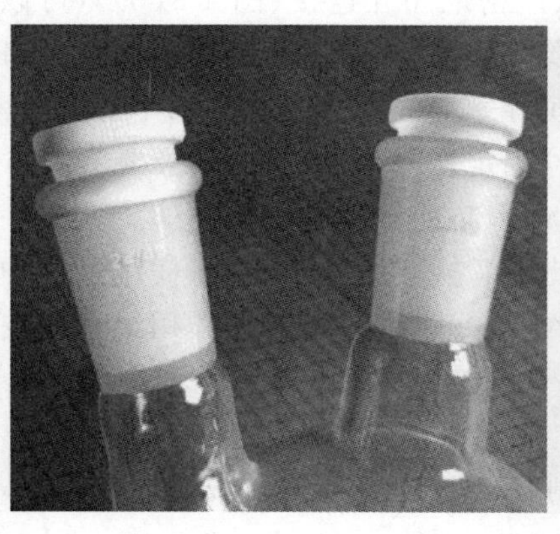

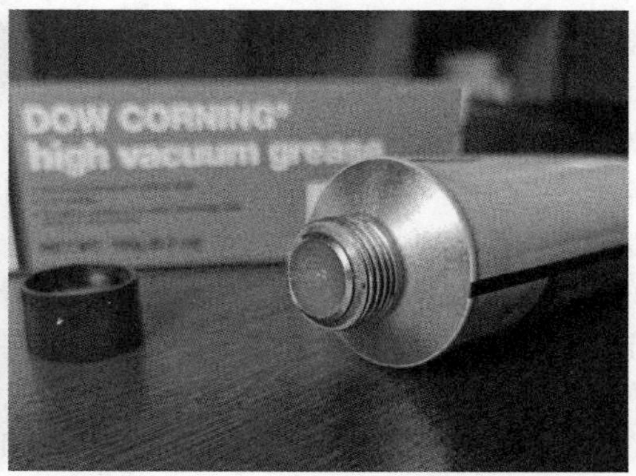

图 4-10 玻璃磨口处使用的聚四氟乙烯套管和高真空硅脂

(5) 当不同部件之间的玻璃磨口粘连在一起时,不要强行拧开,容易造成玻璃破碎。可尝试通过热风枪加热、超声清洗仪振动或在冰箱中冷却来使磨口分离。

2. 玻璃与橡胶或塑料部件的连接

在实验操作中，为了装配机械搅拌棒，连接合适的气体通路等，常需要将搅拌棒、玻璃管与橡皮管或塑料管等非玻璃部件连接。此类操作往往容易造成玻璃器件破裂而导致受伤。因此，在进行这些操作时，需要注意以下事项。

(1) 判断孔径和玻璃材料的尺寸是否匹配，当塑料或橡胶部分孔径较小时，不要强行用力，否则容易造成玻璃部分破裂，割伤手。

(2) 将玻璃管(或温度计)插入橡皮管、橡皮塞或软木塞时，应先用水或甘油润湿玻璃管插入的一端，然后一手持橡皮管、橡皮塞或软木塞，一手捏着玻璃管，均匀用力将其逐渐插入。应当注意的是，插入或拔出玻璃管(或温度计)时，手指捏住玻璃管的位置与塞子(或橡皮管)的距离不可太远，一般为 2～3 cm。插入变形玻璃管时，不能把变形处当成旋柄来用力(图 4-11)。

4.2.3 玻璃器皿的加热和冷却

玻璃在加热或冷却时有一定的伸缩性，因此许多用作定量的玻璃器皿，如量筒、容量瓶、移液管等，并不适合在高温或低温下使用。此外，不同部位厚度显著不均匀的玻璃器皿，在受热或冷却时膨胀系数不同，容易发生破裂。例如，在量筒内将浓硫酸与水混合会引起剧烈放热，导致容器损坏和化学试剂泄漏。

大多数玻璃器皿能在一定的温度范围内使用。超出这些范围的使用可能会导致玻璃器皿损坏或破损。只有专为此类用途设计的高硼硅，可以适应加热和冷却这样的温度快速变化。在选择正确玻璃材质的基础上，对玻璃器皿进行加热或冷却操作时，还应该注意以下事项。

(1) 处理高温或低温玻璃器皿时，应佩戴绝热手套。

(2) 除非使用专门设计的特种玻璃，玻璃器皿在加热后都应该缓慢冷却，以防止破损；不要将热玻璃器皿放在冷或湿的表面上，这样操作可能会使玻璃器皿因温度骤变而破裂。

(3) 切勿加热破裂、有裂纹的玻璃器皿；厚壁玻璃器皿(如瓶子和罐子)不应在火焰下直接加热，以免内外受热不均匀造成破裂。

(4) 加热时应避免密闭体系，以防止气压急速上升而导致爆裂；从超低温冰箱(－150～－70 ℃)中取出玻璃器皿时同样要小心，以防止热冲击而破裂。

(5) 水浴或油浴时，应确保加热面板比被加热容器的底部面积大，厚壁玻璃器皿不应在热板上加热。

4.2.4 玻璃器皿的带压力操作

由于玻璃本身的易碎性，应尽量避免玻璃器皿处于压力状态下工作。但是在一些基础操作中，加压或者减压的情况是不能避免的，例如封闭体系下的加热、减压蒸馏等。当实验必须使用加压、减压或真空条件时，应选用合适的耐压玻璃器皿，并在实验过程中做好充分的防护。

使用分液漏斗进行萃取和洗涤的过程，就是一种带压操作。当两种溶剂充分混合

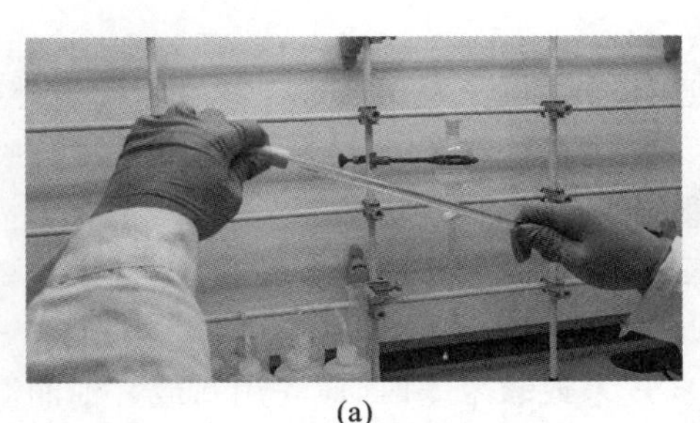

(a)

错误示例：
两手握持距离太远，玻璃器皿容易发生断裂

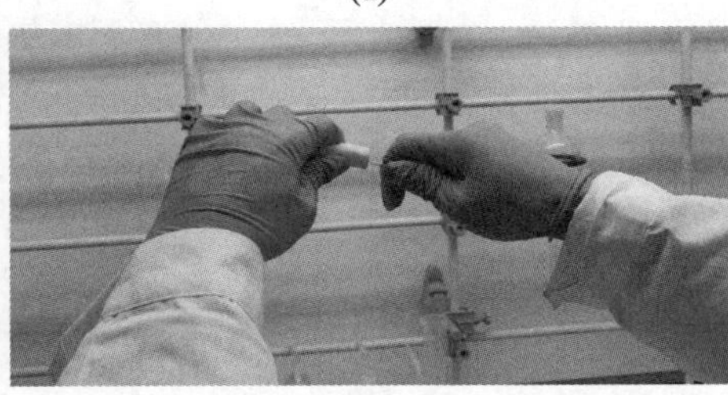

(b)

正确操作：
两手分别握持在橡皮管和玻璃部件合适的部位发力

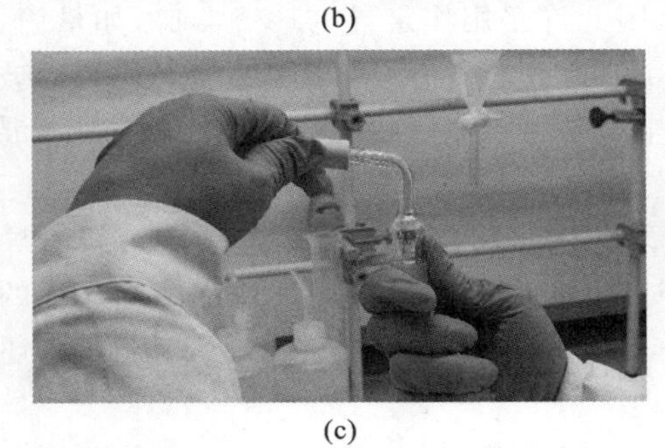

(c)

错误示例：
将玻璃变形处当成旋柄发力，容易导致变形处发生断裂

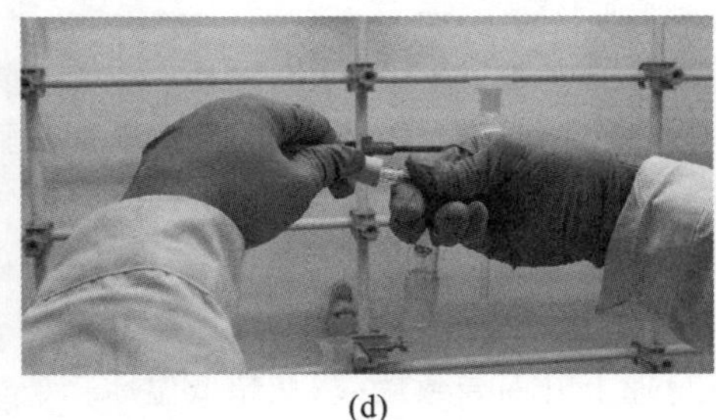

(d)

正确操作：
手握玻璃器件距离连接处较近的位置发力

图 4-11　玻璃管或温度计插入橡皮管、橡皮塞的方法

时，通常会有一定的温度和蒸气压的变化，甚至在部分情况下还会有大量气体放出。因此，使用分液漏斗时，需要先轻微振荡，使其与大气相通，然后逐渐增大振荡幅度，并及时与大气相通卸压，以避免萃取溶剂发生喷射。漏斗颈不能对着人和电器。在条件允许的情况下，萃取分液的操作最好在通风橱中进行(图 4-12)。

分液漏斗的正确操作

减压或真空下操作对玻璃器皿的要求较高，容器壁必须能承受一定的压力差。如果容器壁不够坚固，可能会发生内爆。进行减压操作时，必须使用圆底或厚壁烧瓶。切不可将非此类用途的玻璃器皿置于压力下。使用前检查缺陷非常重要，有裂痕的玻璃器皿一概不能用于真空或减压系统。有关减压蒸馏的详细注意事项，可参考本章第 4.4 节。

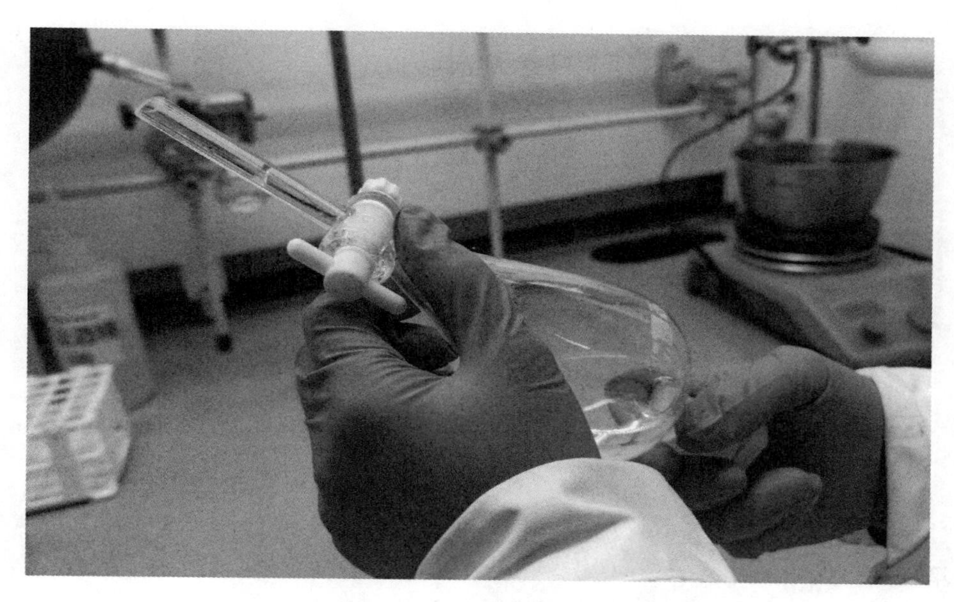

图 4-12 分液漏斗使用过程中的放气卸压操作

4.2.5 玻璃器皿清洗和干燥

实验室常使用的玻璃器皿和陶瓷器皿等，必须保证清洁才能确保实验得到准确的结果，因此掌握洗涤玻璃器皿的方法是进行化学实验的重要前提。清洗仪器的方法很多，应根据实验的要求、污物的性质来选择。附着在仪器上的污物有水溶性物质、不溶性物质、脂溶性油污及灰尘等，针对不同情况分别用不同的洗涤方法。以下是常用的几种清洗方法。

（1）水洗或刷洗。水洗可以洗去水溶性物质，用刷子刷洗可以洗掉附着在器皿上的灰尘和某些不溶性物质。

（2）去污粉或洗衣粉洗。可以洗去油污等有机物质。

（3）浓盐酸洗。可以洗去附着在器壁上的二氧化锰或碳酸盐等污垢。

（4）碱液或合成洗涤剂洗。将强碱配成浓溶液（如氢氧化钠的乙醇溶液），用以洗涤油脂或一些有机酸等。

（5）重铬酸钾-硫酸洗液洗。这种洗液氧化性和酸性都很强，对顽固的有机污垢有较好的洗涤效果，使用方法见本章第 4.4.2 小节。

（6）超声波清洗。超声波在清洗液中疏密相间的辐射，使液体流动而产生数以万计的微小气泡。气泡闭合可形成瞬间高压，连续不断的瞬间高压就像一连串小“炸弹”不断地冲击物件表面，使物件的表面及缝隙中的污垢迅速剥落，从而达到物件表面净化的目的（图 4-13）。有关超声清洗仪的操作，可参考本书第 6 章。

洗净的玻璃器皿可用下述方法干燥。

（1）晾干。不急用的或下次使用不要求干燥的仪器，可在洗净后倒置在干净的实验柜内或仪器架上，任其自然晾干。

图 4-13　超声清洗仪

(2) 烘干。洗净的仪器,可以放在恒温干燥箱内烘干。实验室中常用的是电热鼓风干燥箱,温度可以控制在 50～300 ℃。玻璃器皿烘干温度一般控制在 80～100 ℃。有关干燥箱使用的注意事项可参考本书第 6 章。

(3) 气流吹干。急于使用的仪器可以吹干,方法是先倒出水分,再用吹风机或气流干燥器把仪器吹干(图 4-14)。

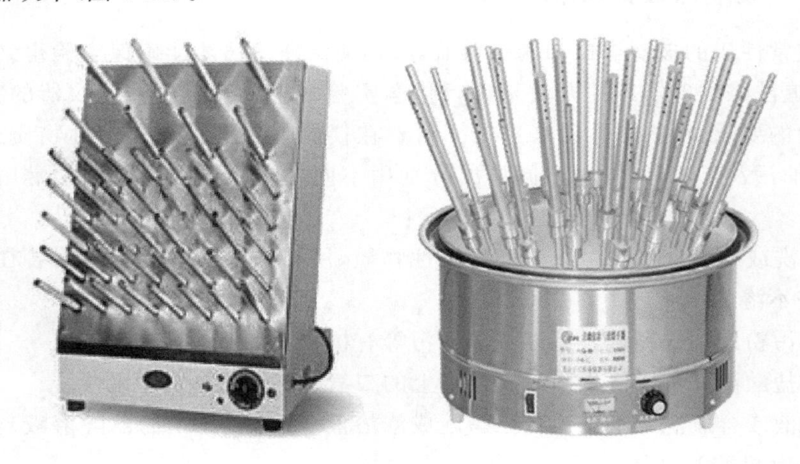

图 4-14　气流干燥器

(4) 用有机溶剂干燥。急用的玻璃器皿也可以用有机溶剂干燥。通常使用无水乙醇或丙酮等与水互溶的有机溶剂对玻璃器皿进行润洗,残留在仪器壁上的无水乙醇或丙酮容易挥发,从而达到干燥仪器的目的。需要注意的是,用有机溶剂润洗过的玻璃器皿不要放进电热鼓风干燥箱中进行干燥,以免引起着火。

4.2.6　废弃玻璃处理和泄漏物清理

玻璃器皿破碎后形成的碎片通常坚硬且锋利,容易导致皮肤割伤。特别是当盛有化学品的玻璃器皿打碎时,会面临锐器割伤和化学品危害的多重风险,需要格外小心处理。

(1) 对于不含有化学试剂的碎玻璃，可以直接用扫帚进行清扫，将碎玻璃装入加厚的纸箱中，并在纸箱上注明碎玻璃；装满后用胶带密封交安全管理员统一处理(图 4-15)。

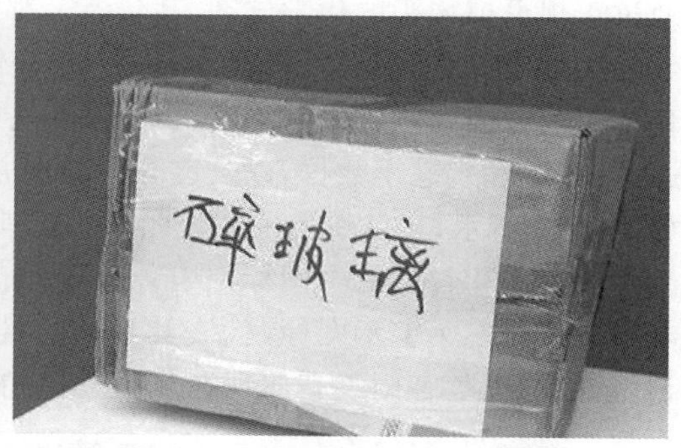

图 4-15　普通的碎玻璃用纸箱收集，装满后封装，并做好标记

(2) 当装有化学品的玻璃器皿摔碎后，若是非常危险或者剧毒的试剂，应立刻求助实验室管理员或专业人员进行处理。

(3) 较常规的试剂，可在做好个人防护的情况下，使用泄漏处理工具包中的物品将泄漏的化学试剂围起来。首先用钳子、镊子或小刷子收集碎玻璃，剩下的化学试剂用合适的中和试剂和吸附剂处理，再联系安全管理员处理废弃物。

(4) 被化学品污染的碎玻璃，不能作为普通碎玻璃处理，应该装在专用的塑料密封袋中，并标记为生物有害废弃物(图 4-16)。

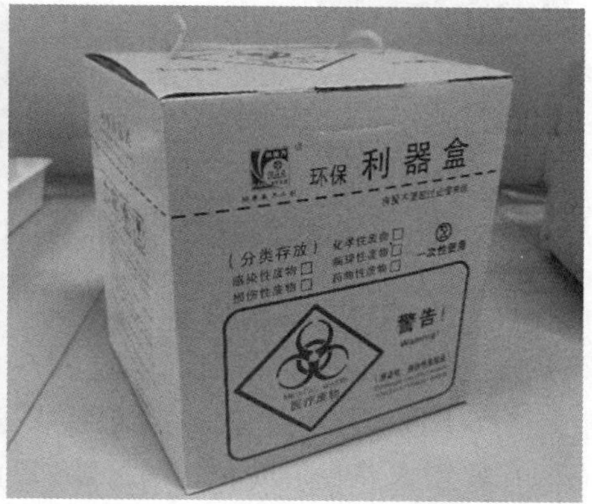

图 4-16　实验室用于装盛化学污染玻璃的纸盒

4.3　化学试剂的使用规范

化学试剂是化学实验室最具特征最主要的危险来源。化学试剂通常具有可燃、易爆、有毒、灼伤或污染环境等性质，保管、操作和处理不当会导致多种危险的发生。化学实验中，应遵循的一项基本原则是，将一切化学品，尤其是新的、尚不熟悉的物质假定为具有潜在危险,使用时或进行化学反应的过程中应尽可能地减少任何化学品的口鼻吸入和皮肤接触。

通过正规渠道购买的化学试剂,其包装上都标注有具代表性的危害标识。如需阅读更详细的安全信息,可以根据产品名称或 CAS 号登录供应商网站上查阅 SDS。SDS 会对该化学品各方面的危害进行说明,包括理化特性、危害性、消防措施、泄漏处理方法、防护方式、毒理学和生态学数据,以及废弃物处理方法等。

如图 4-17 所示,正己烷上的四个图标对应其易燃性、水生环境危害、靶器官毒性和皮肤刺激性。而氯化锌的三个图标用于警示其具有皮肤腐蚀性、吸入危害以及水生环境危害。苯酚同样有三个警示图标,代表其具有急性毒性、特异性靶器官毒性以及皮肤腐蚀性,而其水生环境危害则没有体现在包装上,只能在 SDS 中找到。

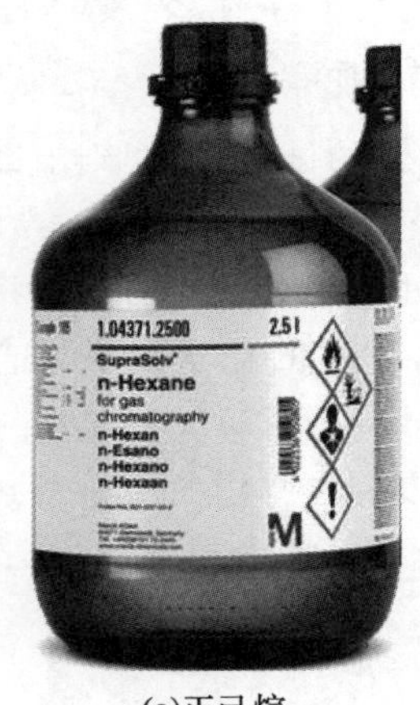

(a)正己烷

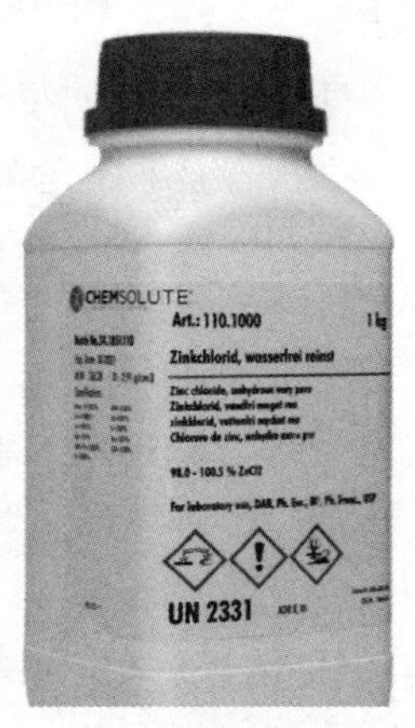

(b)氯化锌

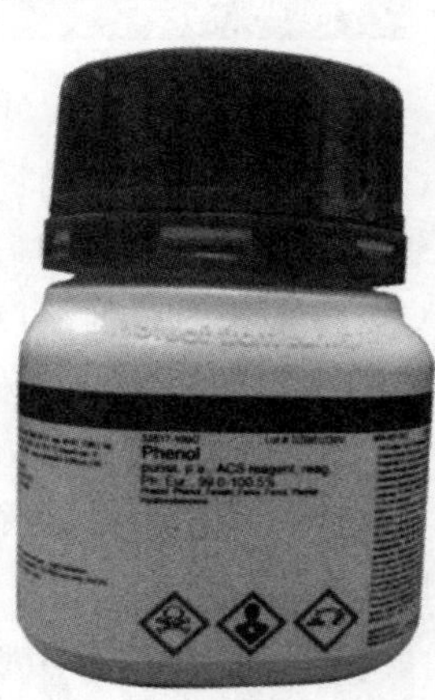

(c)苯酚

图 4-17 化学试剂包装上的警示标识

4.3.1 化学试剂操作的通用准则

即使在没有特殊危险的情况下,在化学试剂的使用过程中都需始终牢记以下准则。

(1) 使用防护设备保护眼睛,并确保穿上实验服;避免故意去闻、吸入和品尝化学试剂;避免用身体直接接触化学试剂,包括衣服和鞋子。

(2) 在使用或储存危险化学品区域,禁止吸烟、饮水、进食和使用化妆品。

(3) 收到药品后应立即阅读警告标签,了解是否需要任何特殊的储存预防措施,如冷藏或惰性气体氛围下储存等(图 4-18)。

(4) 收到药品后应在包装上标记日期;及时标记所有装有化学品的容器,包括短暂储存在烧瓶、锥形瓶或烧杯中的样品(图 4-19)。

(5) 必须定期检查化学品标签和容器是否有腐蚀、锈蚀和泄漏等情况。

(6) 化学品的使用尽可能在通风良好的环境中进行;最好预先核对 SDS 以及标准操作程序,确定采取何种通风方式。

(7) 量取化学试剂时,若洒落在实验台和地面,须及时清理干净。

(8) 处理完化学品后离开实验室时,请用肥皂和水彻底清洗双手和脸部,确保没有微

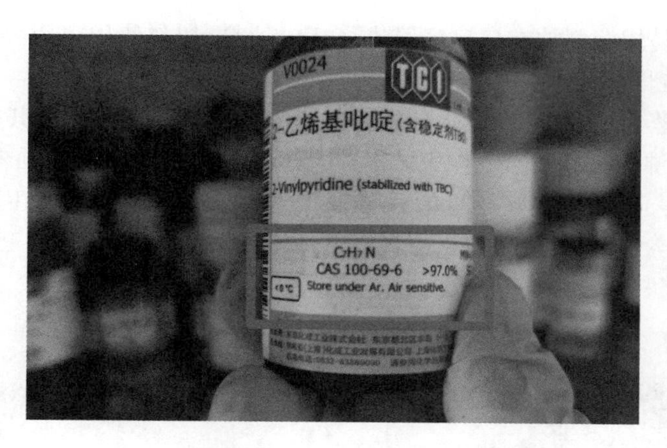

图 4-18 试剂标签上有关储存条件的信息

图 4-19 标记所有盛有化学品的玻璃容器

量化学品残留。

4.3.2 易燃化学品使用注意事项

着火是化学实验室常见的事故，除氢气、一氧化碳等易燃气体外，化学实验中普遍使用甲醇、乙醇、乙醚、丙酮、石油醚和乙酸乙酯等易挥发、易燃烧的溶剂，在遇到高温、明火或电火花等引火源时，容易引起燃烧，甚至酿成火灾。关于易燃化学品（包括气体、液体、固体及其混合物）的危害的详细信息，可参见本书第 3 章。除了易燃化学品的采购、运输、保管和回收过程中需严格遵循安全规章制度，实验者在使用少量易燃化学品时，也需要特别注意以下事项，以避免意外及连环危险的发生。

（1）易燃化学品的使用需在通风环境下，或通风橱内进行，清理周围其他易燃物品，做好防护准备。

（2）操作易燃溶剂时，须杜绝明火；加热必须在水浴、油浴或沙浴中进行，并尽量远离其他高温热源，远离电源插座。

(3) 切勿将易燃溶剂放在广口容器或烧杯内加热；切勿使用密闭容器加热低沸点易燃液体，否则可能因蒸气压的骤增造成爆炸事故。

(4) 回流或蒸馏易燃低沸点液体时，烧瓶中的液体量最多只能装其标注容积的 2/3，并在室温下加入沸石，以防止液体因过热引起暴沸。若在加热后发觉未放沸石，绝不能立即补放，而应停止加热，等液体冷却后再加入，避免因液体暴沸而发生事故。

(5) 操作对空气、湿气敏感或遇空气自燃的固体物质时，可以在手套箱或简易的惰性气体保护装置中进行(图 4-20)。

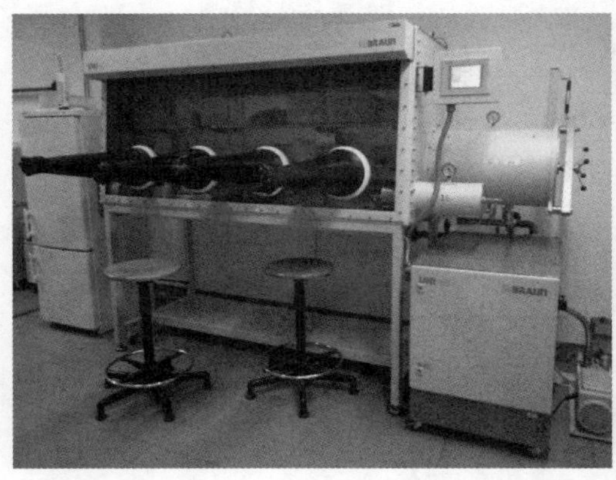

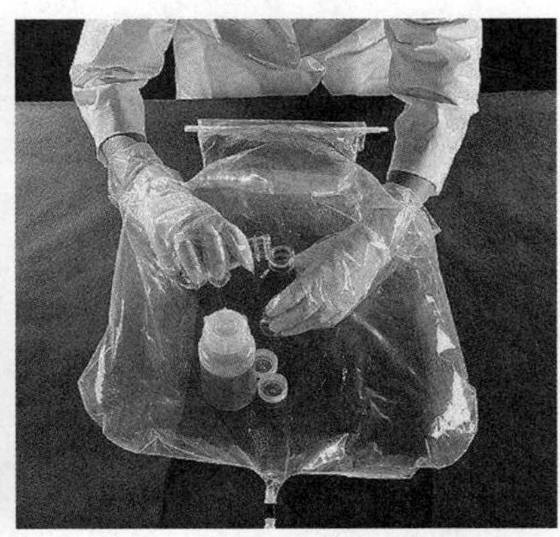

图 4-20　惰性气体手套箱和简易惰性气体保护装置

(6) 许多对空气敏感的有机金属化合物如叔丁基锂、正丁基锂、格氏试剂等都被配制成溶液，用厚橡胶塞密封在惰性气体氛围内(图 4-21(a))。实验人员取用这些溶液时，可以通过充有惰性气体的气球、注射器和长针头等来实现隔绝空气的操作(图 4-21(b))。

(a)

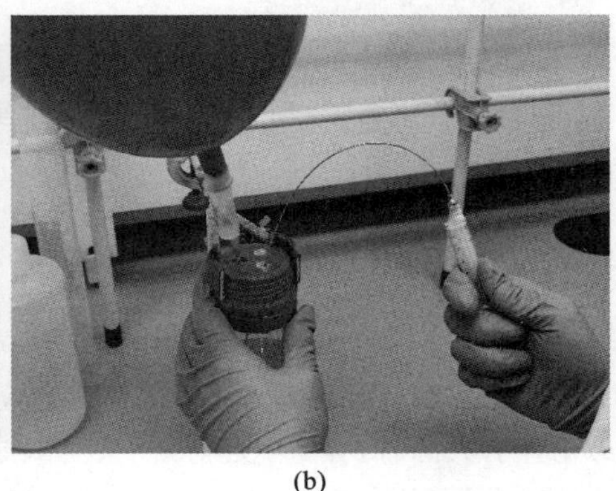

(b)

图 4-21　水氧敏感试剂的密封包装和取用

4.3.3　易爆化学品使用注意事项

燃烧和爆炸事故往往相伴而生，难以划分明确的界限。爆炸最大的特征是发生时速率快，有大量气体产生，并伴随强烈的机械效应。实验室常见的易爆品有叠氮化物、有机过氧化物、高氯酸盐、干燥的重氮盐、芳香族多硝基化合物、硝酸酯等。易爆品的申购、保管和报废参照本书第 3 章相关部分。

在设计实验时，应尽量选用不易爆的试剂。例如叠氮化钠是典型的爆炸品，而三甲基硅叠氮则不易爆炸，故常被用作叠氮钠的替代品。如果没有替代品可供选用，要将试剂用量尽可能降到最低。即使在操作很少量易爆品时，也必须做好全面的防护措施，且在使用此类化学品时应注意以下事项。

(1) 尽可能清空周围的不必要物品，特别是玻璃器皿、化学试剂和金属物质等。尽量用有机玻璃防护盾将爆炸品和操作者隔离开来(图 4-22)。

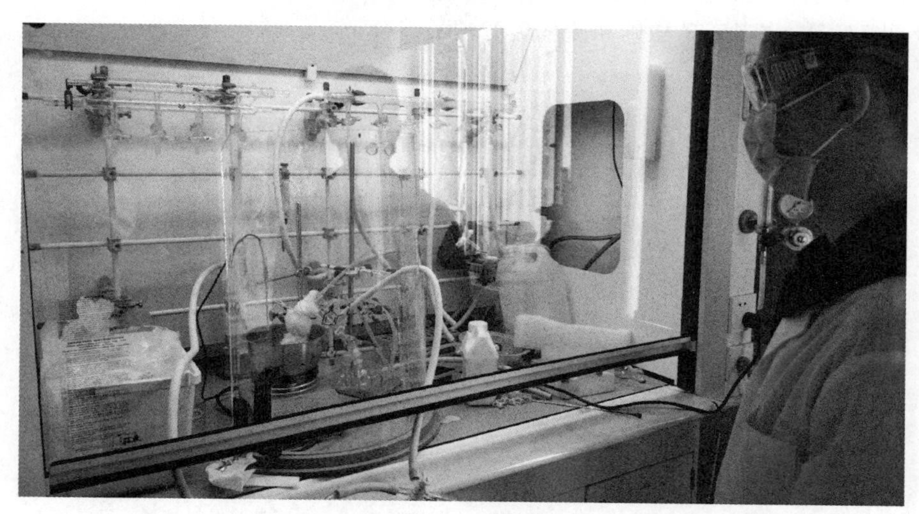

图 4-22　化学实验中使用的有机玻璃防护盾以及通风橱的透明挡板

(2) 远离热源、电火花等，避免出现集聚静电的物质，湿度过低也容易导致静电产生。

(3) 使用合适材质的工具和器皿来转移和盛装易爆物质。有些易爆品与金属接触会形成更敏感的物质，这时就应该避免金属勺子、刮刀的使用。

(4) 在不明确该物质是否对压力敏感的情况下，不要尝试捣碎、研磨易爆品。

(5) 使用结束后，用非静电抹布、刷子或其他合适的清洁用品小心地除去洒落的易爆品，作为有害废弃物处理，切不可刮铲粘有易爆品的台面。

(6) 醚类化合物通常含有少量的过氧化物，蒸馏前先用硫酸亚铁处理以除去过氧化物。蒸馏需在通风较好的地方或通风橱内进行，且不能蒸干。

4.3.4　有毒化学品使用注意事项

实验中使用到的化学试剂多是有毒、腐蚀性或刺激性的物质。例如：苯不但刺激皮肤，引起顽固性湿疹，而且对造血系统及中枢神经系统有损害；误服少量甲醇可产生恶心、呕吐、呼吸困难等严重症状，尤其以视神经损害最为明显；一些生物碱具有强烈毒性，接触少量即可导致中毒，甚至死亡。口腔、呼吸道或皮肤接触有毒化学品是引起中毒的主要途径。因此，在实验中防止中毒，应切实做到以下几点。

(1) 使用毒性化学品时必须佩戴手套、防护眼镜和口罩，称量和转移任何试剂都应使用工具，避免试剂以任何形式直接接触口鼻、眼睛和皮肤。

(2) 开启储有挥发性液体的瓶塞时，须在通风良好的地方或通风橱中进行。开启时

瓶口必须指向无人处，以免由于液体或蒸气喷溅而造成人员伤害。如遇瓶塞不易开启，必须注意瓶内物体的性质，切不可贸然加热或敲打瓶口等。

(3) 实验室应保持良好的通风，尽量避免吸入化学试剂的烟雾和蒸气。如需感受物质的气味，应用手轻拂瓶口，扇闻。处理和使用有毒或腐蚀性、刺激性的物质时，应在通风橱内进行，防止有毒气体在实验室内扩散，使用后的玻璃器皿和量具应及时清洗。

(4) 使用特定的剧毒化学品时，首先应该仔细阅读其安全技术说明书(SDS)，了解其毒性和解毒方法。例如使用氰化物时，最好准备好相应的氰化物解毒盒(图 4-23)，其成分一般是羟钴胺，或者亚硝酸钠和硫代硫酸钠的组合。

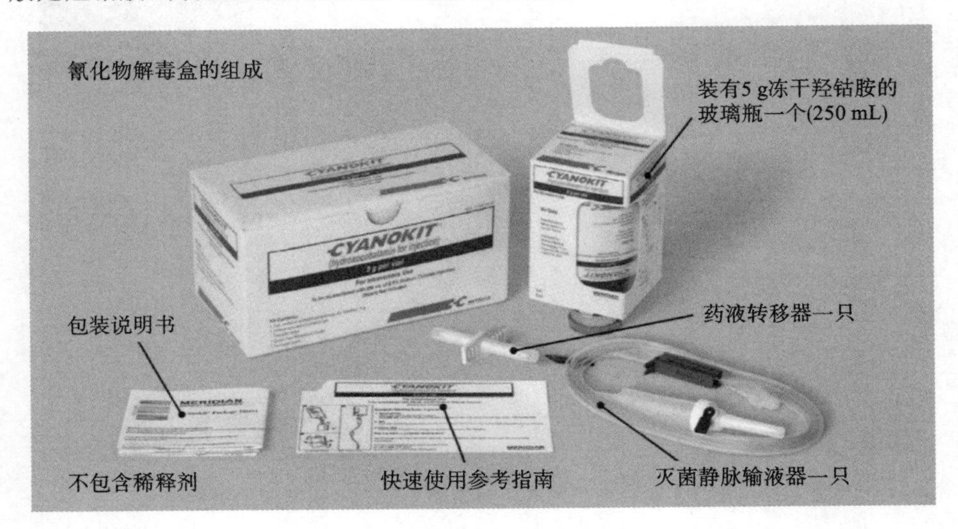

图 4-23　氰化物解毒盒(羟钴胺)

(5) 在实验结束后，残余的剧毒物质以及粘有剧毒物质的容器应该及时做无害化处理，具体的方法可以参照相应化学品的安全技术说明书(SDS)。例如，少量的汞可以用硫黄粉进行处理，氰化物可以用 $FeCl_3$ 溶液处理，或调节 pH 大于 10 后用次氯酸钠氧化，处理后的混合物正确标记后再交专业人员处理。

(6) 根据学校和学院规定，剧毒试剂实行双人双锁管理，使用者必须严格遵守操作规程，使用前仔细登记，使用后及时归还上锁。

4.4　典型实验操作安全注意事项

实验室中的实际操作往往存在多项潜在的危险，实验过程中需要时刻保持高度警觉并保证操作规范，才能将事故的风险降至最低。以下用几个具有潜在安全风险的代表性实验操作为例，介绍其操作过程中需要注意的安全事项。

4.4.1　强酸/强碱的稀释

高浓度的强酸溶解在溶剂中时，伴随着显著的溶解热产生(也称溶解焓)。溶解热的大小主要取决于三个因素：破坏强酸分子间作用吸收的热，破坏溶剂分子间作用吸收的热，以及强酸与溶剂形成分子间相互作用所释放的热。极性溶剂如水或醇等，能通过形成氢键将强酸充分溶剂化，所以往往在强酸稀释过程中释放出大量的溶解热。最具有代表性的例子就是浓硫酸溶解在水中时，溶液温度会急剧上升。

因此，在对强酸进行稀释时，一定要在广口的耐热玻璃器皿中进行，将浓的强酸缓慢地加入水中，让水相对安全地吸收并散发溶解过程中产生的热量。当酸的浓度降低时，危险也会随之降低。如果反过来将水加入浓的强酸中，生成的热量将集中在体积小、浓度高的强酸溶液中，很有可能造成浓酸的冒烟、飞溅、剧烈冒泡甚至沸腾(图 4-24)。

扫码看彩图

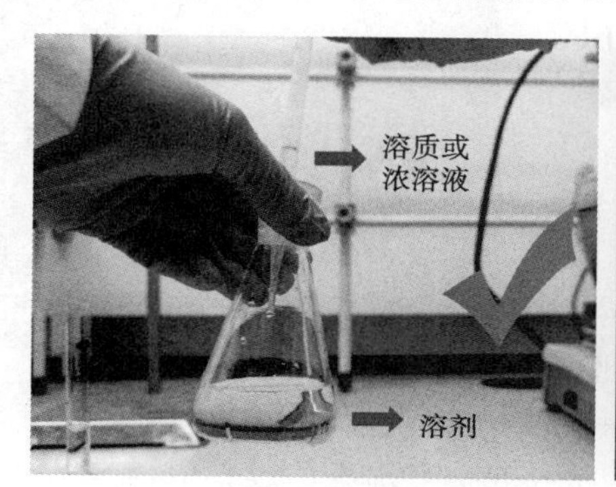

(a)溶液稀释的正确操作

(b)操作不当可能导致的后果

图 4-24 配制酸碱溶液的操作示例

在溶解强碱，配制碱的水溶液时，也要尽可能将碱缓慢加入水中，避免热量聚集和浓碱溶液的喷溅。

4.4.2 铬酸洗液的使用

铬酸洗液是实验室常用的清洗剂，由重铬酸钾($K_2Cr_2O_7$)溶解在浓硫酸中得到，兼有酸性和氧化性，可以去除实验仪器内壁和外壁的污垢及难溶物质。通常该洗液同时具有强氧化性和强酸性，六价铬离子也具有急性毒性、强腐蚀性和致癌性等，因此在使用过程中应做好个人防护，要非常小心。

(1) 使用前需确认洗液是否有效，新配制的重铬酸盐溶液为红褐色。若久用后变成墨绿色，说明该洗液已经失效。

(2) 鉴于铬酸洗液的化学组成，在清洗实验设备前，需使用其他常规方法将能除去的有机污垢除去，用水洗后尽量倒去残余的水。

(3) 取适量洗液倒入待清洗的容器中，转动器皿，使洗液充分浸润被污染的器壁，反复冲洗，洗去污渍后，若洗液仍然为棕红色，则将洗液倒回原瓶中。若洗液变为绿色，则不能倒回原瓶，而应用专门的回收瓶收集，再统一作为废弃物处理。

(4) 若实验器具壁上粘有少量碳化残渣，可加入少量洗液，浸泡一段时间后稍稍加热，直至冒出气泡，碳化残渣可被除去。

(5) 清洗结束后将洗液尽可能倒尽，并用少量自来水润洗多次，废液倒入无机废液回收桶中，直到洗至无色后，洗液方可倒入下水道。

4.4.3 加热回流/蒸馏

加热是最常见的加速化学反应的手段。对于需要长时间加热的化学反应，为了防止溶剂的迅速蒸发而导致浓度变化，一般采用冷凝回流装置。烧瓶在加热过程中多余的热量被汽化的溶剂带走，而溶剂蒸气在回流冷凝管中凝结为液体，回流到烧瓶中。回流装置是长时间将反应温度控制在溶剂沸点附近的有效方法(图4-25)。但长时间的加热回流，特别是在无人看守时，存在玻璃器皿破裂和化学品泄漏的风险。正确地安装回流冷凝装置，能有效地避免安全隐患。

图 4-25 惰性气体保护下的回流反应装置

视所需的温度不同，最好选取水浴、油浴、电热套或沙浴等相对安全的方式进行加热(图4-26)。而酒精灯、天然气、电阻丝加热等可能引发明火的加热方式，要极力避免长时间使用。液体在加热沸腾的过程中，需要形成稳定的汽化中心，以防止液体的过热和暴沸，这个汽化中心可以是旋转的磁力搅拌子，也可以是外加的沸石。需要注意的是，沸石在液体沸腾并冷却后就会失效，再次开始加热前需要补加。

扫码看彩图

(a)电热套(正确)

(b)油浴(正确)

(c)沙浴(正确)

(d)电炉(错误)

图 4-26 几种不同的加热方法

加热过程往往伴随着气体的膨胀或收缩，一般应保持与大气相通，以免加热过程中压力的变化导致塞子弹出，甚至玻璃器皿破裂。图 4-27(a)展示的是典型的错误操作。对于需要惰性气体氛围的反应，可以使用充有惰性气体的气球进行缓冲(图 4-27(b))。对于需要密闭进行加热的反应，可以在图 4-27(c)中所示的一体成型且带有四氟乙烯螺口塞的厚壁耐压瓶中进行。

蒸馏实验与加热回流类似，但是由于溶剂持续减少，所以实验人员需要全程在场，指导完成蒸馏并拆除装置。在回流和蒸馏实验中，如果液体的沸点不高于 140 ℃，都需要用到冷凝水。在接水管时，要检查冷凝管是否老化，切记不可接触热源。使用冷凝水时尽量在白天有人监管时完成，反复确认排水口是否顺畅，若夜间实验务必调低水量，冷凝水管口需要固定以防脱落。回流实验后，拆除循环水管时应远离电源，小心水从管中溢出。

扫码看彩图

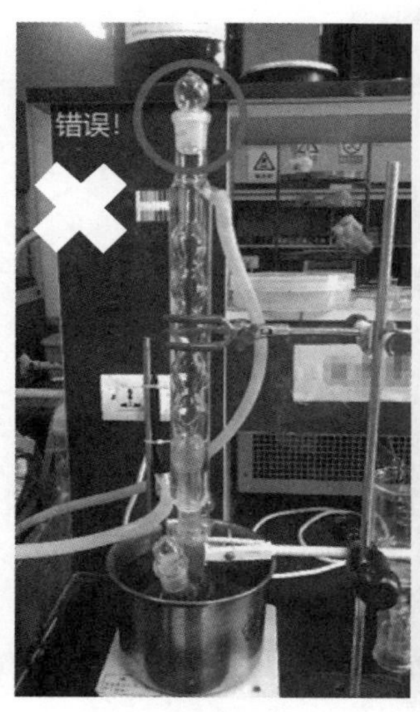

(a)错误的密闭装置

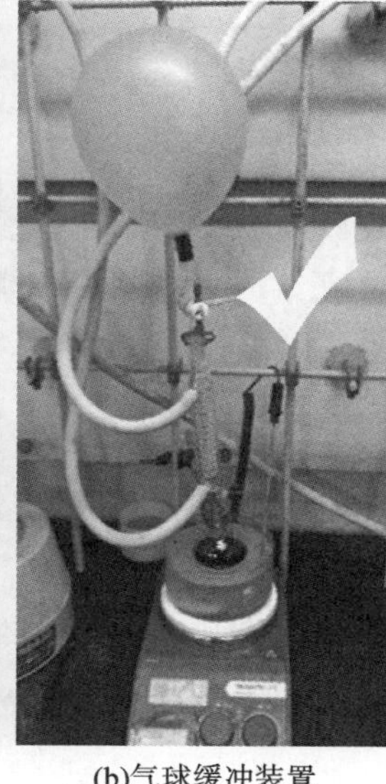
(b)气球缓冲装置

(c)耐压反应管

图 4-27　加热时存在压力变化的反应装置示例

4.4.4　减压蒸馏/旋转蒸发

若液体沸点太高，常压蒸馏时可能会因温度过高而导致产物的氧化、分解或自反应。因此减压蒸馏是实验室中常用的纯化高沸点液态化合物的手段。减压蒸馏是在一个封闭的体系内，创造一个压力远低于大气压的环境，使得液体物质能在较低的温度下沸腾，从而避免不必要的高温和可能的副反应。

根据真空度的不同，减压蒸馏装置需要承受 0～1 个大气压不等，所以减压蒸馏通常都使用材质较厚的玻璃器皿来进行。蒸馏和接收的部分一般使用圆底烧瓶或茄形瓶，因为其接近圆球的形状使得其能较好地平衡各方向的压力。一套常规的减压蒸馏装置如图 4-27 所示，在操作的过程中需要注意以下一些事项。

(1) 在进行较高真空度下的减压蒸馏时，应首先通过常压蒸馏或旋转蒸发仪除去低沸点的成分。

(2) 在蒸馏烧瓶中加入磁力搅拌子，或使用克氏蒸馏头与毛细管作为汽化中心；沸石不适用于减压蒸馏。

(3) 按照从低至高、从左至右的顺序搭好蒸馏装置，蒸馏瓶、冷凝管和接收瓶均需要固定；各个磨口连接处用塑料卡子固定。

(4) 通冷凝水，打开搅拌器，连接真空系统（通常是油泵、水泵或隔膜泵），调节气阀防止暴沸，不再有大量气泡冒出后，检查装置是否漏气。

(5) 待真空度稳定并达到要求后，开始加热，记录馏出组分的沸点；若需收集多个组分，则需使用二岔或三岔尾接管(图 4-28)。

扫码看彩图

图 4-28　减压蒸馏所使用的玻璃装置

(6) 注意不要将瓶内液体蒸干；蒸馏接近完成时，首先关闭热源，然后缓慢通大气，并关闭真空泵。

(7) 保存好产品，按照组装时相反的顺序拆除蒸馏装置，并及时清洗。

旋转蒸发是另一种形式的减压蒸馏，能够在较低的温度下，更便捷、快速地除去低沸点的组分，保留高沸点的产品。旋转蒸发系统由真空隔膜泵、循环冷凝泵和旋转蒸发仪三部分组成(图 4-29)。旋转蒸发系统使用过程中，除需要注意减压蒸馏基本事项外，还需要遵守以下操作流程。

扫码看彩图

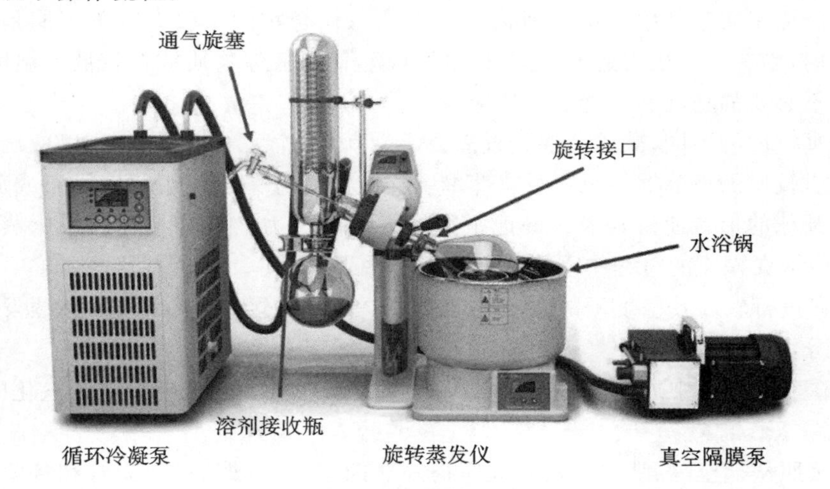

图 4-29　旋转蒸发系统

(1) 提前 10 min 开启循环冷凝泵，使冷凝液降温。

(2) 及时清理溶剂接收瓶内溶剂，并在磨口处涂少量高真空硅脂，使用夹套固定。

(3) 先打开真空隔膜泵，再装上盛有溶剂的烧瓶(液体体积不超过烧瓶容积的 2/3)，并用塑料卡子固定。

(4) 关闭通气旋塞，打开旋转开关，调节合适的转速，开始蒸发溶剂。在初始阶段，注意控制通气旋塞以避免液体暴沸。

(5) 待液体逐渐冷却，蒸发速率稳定后，调整旋转蒸发装置的高度，用水浴对旋转的烧瓶进行加热。

(6) 旋转蒸发结束后，停止旋转，通大气，取下烧瓶，关闭真空泵，并及时处理接收瓶中的液体。

4.4.5 柱色谱

柱色谱是化学实验室用于纯化有机化合物的常用手段之一，一般在填充硅胶的玻璃柱中进行，并因此得名(图 4-30)。柱色谱操作中需要用到加压的玻璃器皿、易燃易挥发的有机溶剂，以及颗粒极细的硅胶粉尘。如果操作不当，也会存在潜在危险。使用柱色谱分离化合物时，需要注意以下事项。

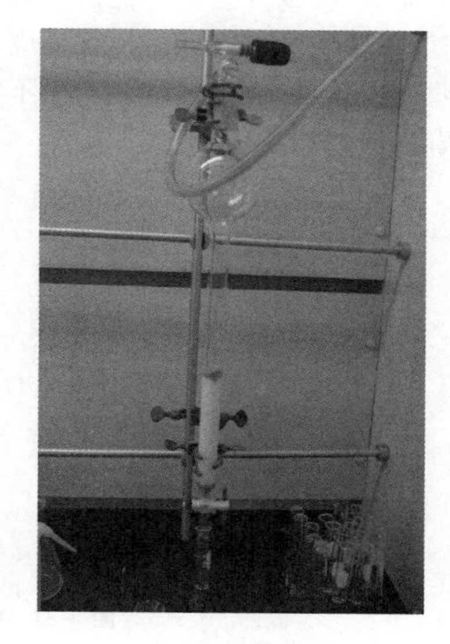

图 4-30 柱色谱

(1) 为了提高效率，柱色谱通常在加压条件下进行，加压的方式可以是压缩空气/氮气，也可以是增压泵，或者手捏式血压球。实验前需要仔细检查玻璃器皿是否完好，切勿使用有裂痕的玻璃器皿；此外，在玻璃部件之间的磨口处，一定要使用塑料标口卡固定，以防部件在压力下弹开，导致溶剂溢出，继而引发火灾(图 4-31)。

(a)增压泵

(b)血压球

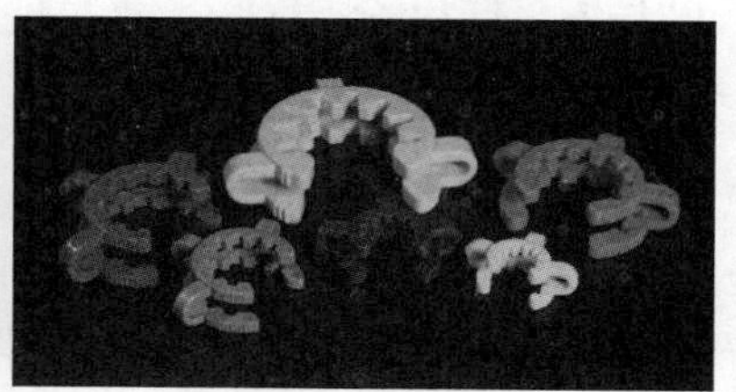

(c)塑料标口卡

图 4-31 柱色谱中常使用的配件

(2) 作为柱色谱洗脱剂的有机溶剂通常是低沸点、低闪点的易燃液体。配制洗脱剂、过柱和处理样品时，需要在通风良好的地方进行，最好在通风橱中。此外，应远离热源，禁止明火和电火花。若发生溶剂泄漏，应立即停止实验，及时清理泄漏物。

(3) 所用的硅胶粒径很小，被吸入肺部后会带来危害。实验者应佩戴防护口罩，还应尽量避免硅胶粉从通风橱中飘散出来，以防危害他人健康。

4.4.6 常压下的催化氢化

除反应釜、流化床等专业设备外，氢气还经常被用于金属（钯、镍等）催化的加氢/还原反应。由于反应装置没有统一规范，操作者的水平参差不齐，往往容易发生危险。实验中，氢气分子可被金属活化，使其不需要任何引火源，遇到氧化剂即可燃烧。而且反应常常在易燃、低沸点的有机溶剂中进行，具有极高的引发火灾的风险。因此，整个实验过程中一个重要的原则就是避免氢气、空气和金属催化剂三者混合。

在实际操作过程中，通常使用一个玻璃三通作为换气装置（图 4-32），将搅拌子、反应物、催化剂和溶剂一起加入烧瓶。首先将烧瓶中置换为 N_2 氛围（从三通的支口抽真空—充氮气，重复三次），然后将烧瓶内置换为氢气氛围（三通支口抽真空——上口充氢气，重复三次）后，开始搅拌反应。此外，还应该注意的是，反应结束后的催化剂过滤回收后应装进专用的容器中，而不能作为普通垃圾丢弃在垃圾桶，否则可能会引发垃圾着火。

催化氢化

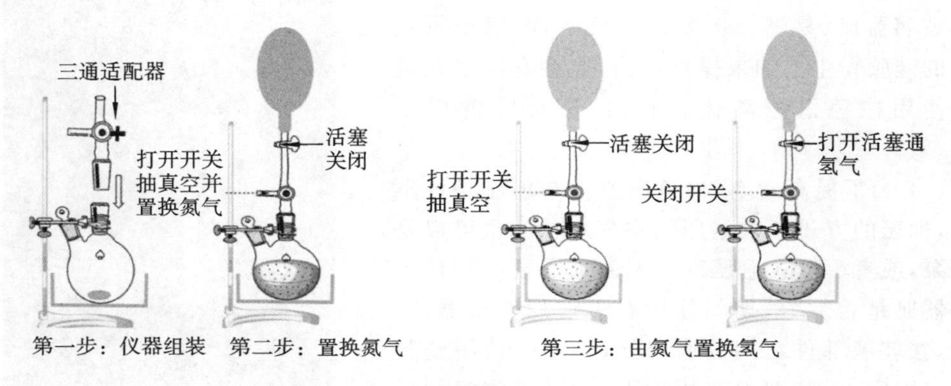

图 4-32 钯/碳催化加氢反应的操作流程

4.4.7 有机金属化合物的使用/无水无氧操作

有机金属试剂是无机、有机以及材料化学中经常使用的化学品，它们通常有极强的还原性，暴露在空气中时会迅速氧化燃烧。操作不当不仅会影响实验结果，还可能造成安全隐患。因此，有机金属试剂的使用通常需要在无水无氧的条件下进行，其中最常用的解决方案是采用 Schlenk 技术。如图 4-33 所示，该技术的主要特点是使用真空和惰性气体两条平行管路，密闭的反应器在两者之间进行切换，以避免在加料和反应过程中空气和水分的进入。

在 Schlenk 技术的支持下，回流、蒸馏、样品转移、过滤等基本操作都可以在惰性气体氛围下完成。Schlenk 技术需使用的主要部件包括双排管、耐压软管、Schlenk 瓶、橡胶塞、长针头和注射器等（图 4-34），以保证体系的密闭性。

在没有双排管和惰性气体气路的情况下，也可以利用烘箱、氮气、密封塞、气球和注射器等相对容易获得的设备来创造尽可能无水无氧的反应环境。下面以将敏感的有机金属试剂安全转移到烧瓶中为例，说明该操作步骤（图 4-34）。

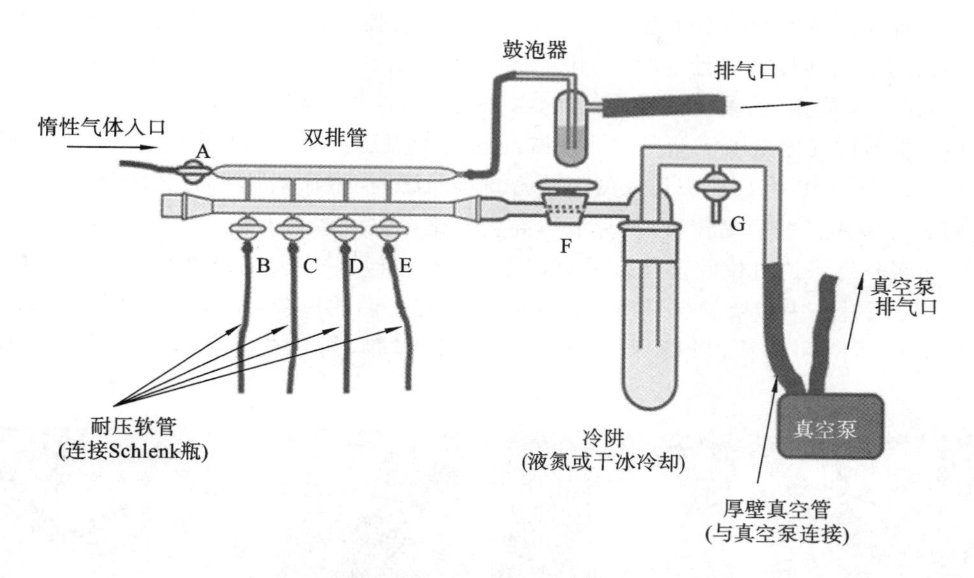

图 4-33 希莱克管路(Schlenk Line)的组合方式

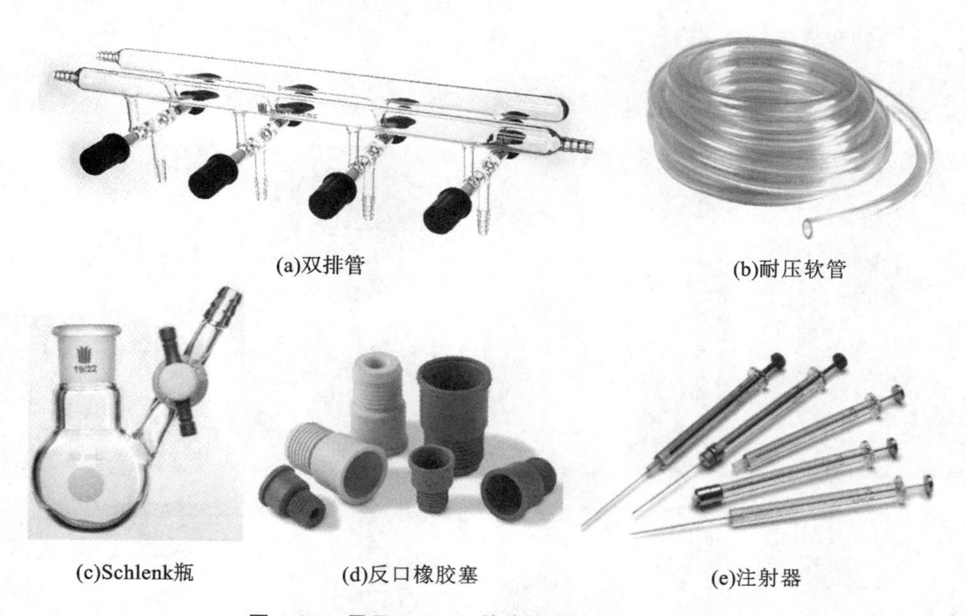

(a)双排管　(b)耐压软管

(c)Schlenk瓶　(d)反口橡胶塞　(e)注射器

图 4-34 用于 Schlenk 技术中的一些配套器材

(1) 首先,将一次性塑料注射器拔去活塞,切掉手柄。用封口膜将一个气球与针筒尾部连接(1a),充入适量的惰性气体(1b),接上针头后(1c)扎在橡皮塞上备用(1d)(操作过程中注意压缩气体钢瓶的正确使用)。

(2) 将磁力搅拌子置于烧瓶中,在烘箱中充分干燥,取出后用反口丁腈橡胶塞将其密封(2a 和 2b)。将第一步中制作的气球通过针头插入橡胶塞,最后在橡胶塞上扎另一支短针头(2c),利用惰性气体置换烧瓶中含有水分和氧气的空气(2d)。

（3）将烘箱中干燥的不锈钢长针头与一次性注射器相连(3a)，连接处用封口膜加固，确保针筒与针头连接牢固且不漏气(3b)。将该针头扎进橡胶塞(3c)，抽取一管惰性气体(3d)，拔出针头后排气，重复此操作三次，以完全置换注射器和针头中的空气。

（4）将惰性气体氛围下储存的活性试剂用夹子固定，并在橡胶塞上扎入一个装有惰性气体的气球(4a)，将长针头扎入试剂的密封垫(4b)，抽取所需体积的试剂(4c)，取出后迅速将长针头用橡胶塞堵住，以避免液体温度变化导致液体滴出或空气进入(4d)。

（5）将长针头透过橡胶塞扎入反应烧瓶中(5a)，推动注射器将试剂转移至烧瓶中(5b和5c)。由于针头中残余的少量活性试剂仍然存在自燃的风险，所以需要使用合适的溶剂依次进行润洗和稀释，以确保安全。对于格氏试剂，可以先用乙醚洗，再用丙酮洗(5d)。

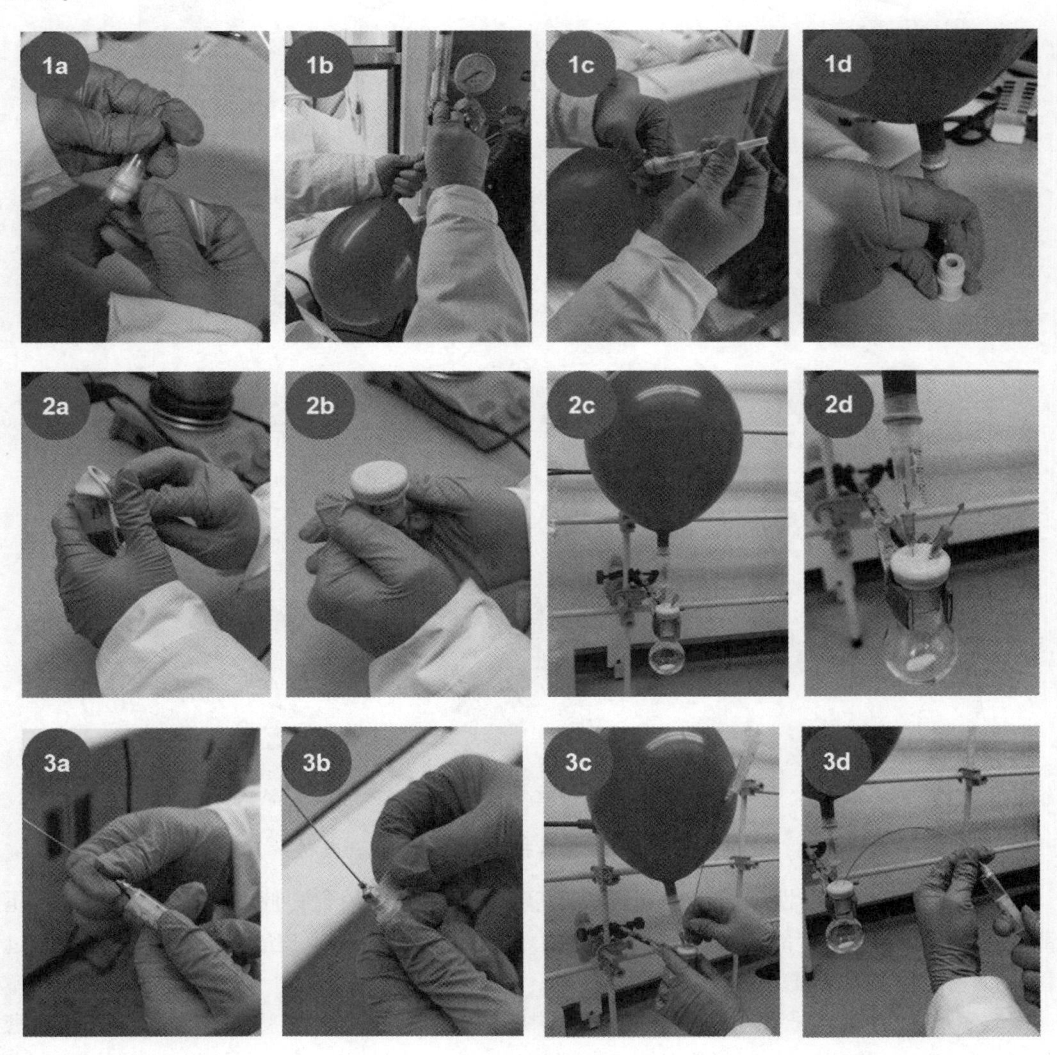

图 4-35　无水无氧操作示意图

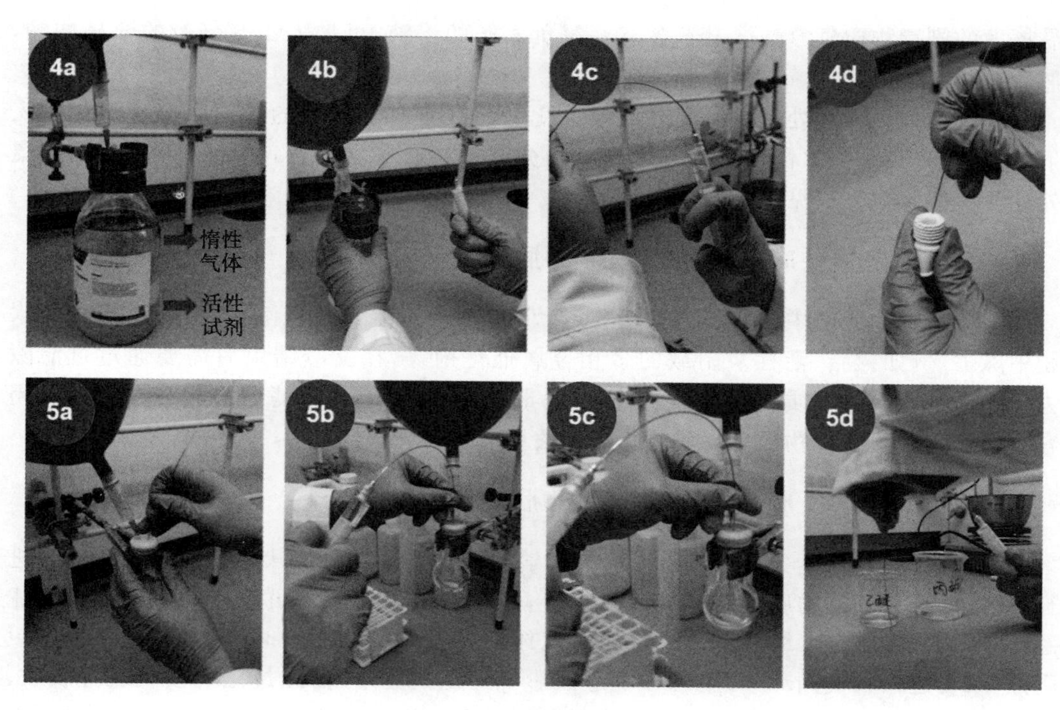

续图 4-35

4.5 化学反应的后处理操作

化学反应结束后，往往会残留过量的高活性试剂，或者在反应中生成新的危险性成分。因此，对于可能残留或者产生危险化学品的反应，在反应结束后要采取正确合理的处理方法，将潜在的危险降至最低。

4.5.1 化学反应中危害性液体的后处理

大多数化学反应是在溶液中进行的，因此具有危害性的物质在反应结束后通常以溶液的形式存在。对于遇水或空气易自燃的高活性液体物质和溶液，应尽可能地避免暴露和转移，最好在反应容器中完成无害化处理。例如，易自燃、强碱性的正丁基锂/正己烷溶液在反应中通常都是过量的，在反应结束后会有少量剩余。因此在反应完成后，通常在保持惰性气体氛围和低温的条件下，加入弱酸性的质子性溶剂，例如冷的异丙醇、甲醇或者水等将烷基锂试剂淬灭。最后，敞开反应体系，根据产品纯化的需要，将混合液调节成弱酸或弱碱性后再进行常规的后处理（萃取、分液、过滤等）。对于使用其他强还原性、易燃物质的反应，同样应谨慎操作。

对于少量的含有剧毒物质的反应液，也需要加入适当的化学试剂进行无害化处理后再作为废液处置。例如，含有如氰基负离子的溶液，需与过量的碱性次氯酸钠溶液反应，以将氰基负离子氧化。该反应必须在通风橱中进行，且全程不能调为酸性，否则会产生

易挥发的剧毒物质氢氰酸。对于含有叠氮负离子的溶液,可加入 1.5 倍量的亚硝酸钠,然后往其中加入 2～3 mol/L 的硫酸。

经过初步无害化处理后的废弃的液体化学品或含有化学品的液体废弃物不能倒入下水道,应将其分为水性溶液和有机废弃物分开进行收集和保存,由专业人员定期收集处理。具体管理方法见本书第 5 章。

4.5.2 化学反应中危害性固体的后处理

一些特定的反应中,所使用的试剂或者催化剂既不溶于有机溶剂,也无法溶解在水相中除去,例如树脂、活性炭附载的多相金属催化剂等,在反应结束后需要通过过滤除去。如果这些固体物质具有易燃、易爆或剧毒等特性,需要在过滤后收集在专用的密闭容器中作为固体废弃物处理。具体管理方法见本书第 5 章。

4.5.3 化学反应中危害性气体的后处理

一般来说,会产生少量气体废弃物的化学实验都需要在运行状态良好的通风橱中进行,逸出的少量气体物质会迅速被风机抽走,避免扩散到实验人员工作的区域。需要注意的是,如果实验中持续产生金属腐蚀性气体或环境危害性气体时,会对排风系统产生腐蚀,或者进入大气循环,对生态环境造成影响。该情况下,需经过尾气接收装置吸收、分解净化处理后,才能排放。尾气的处理一般分为燃烧法和吸收法,由于在实验室中燃烧法存在较大危险,一般采取吸收法,将有害气体转化为无害或低害溶液或固体后,作为液体或固体废弃物进行处理。根据尾气的不同性质,可以选用合适的方法进行吸收,例如酸碱中和法、氧化还原法等。

习题答案

习题

1. 进行危险物质、挥发性有机溶剂、特定化学物质或毒性化学物质等操作实验或研究时,说法错误的是(　　)。

A. 必须戴防护口罩　　B. 必须戴防护手套

C. 必须戴防护眼镜　　D. 无所谓

2. 为避免误食有毒的化学品,以下说法正确的是(　　)。

A. 可把食物、食具带进化学实验室

B. 在实验室内可吃口香糖

C. 使用化学品后须先洗净双手方能进食

D. 实验室内可以吸烟

3. 能相互反应产生有毒气体的废液,应(　　)。

A. 随垃圾丢弃　　B. 向下水口倾倒　　C. 不得倒入同一收集桶中

4. 若某种废液倒入回收桶会发生危险,则应(　　)。

A. 直接向下水口倾倒

B. 随垃圾一起丢弃

C. 单独暂存于容器中,并贴上标签

5. 加热和蒸馏易燃试剂时，不能用(　　)。

A. 水浴锅　　B. 明火　　C. 通风橱

6. 在实验内容设计过程中，要尽量选择哪种类型化学试剂做实验？(　　)

A. 无公害、无毒或低毒的试剂

B. 实验的残液、残渣较多的试剂

C. 实验的残液、残渣不可回收的试剂

7. 以下物质中，哪项应该在通风橱内操作？(　　)

A. 氢气　　B. 氮气　　C. 氦气　　D. 氯化氢

8. 回流和加热时，液体量不能超过烧瓶容量的(　　)。

A. 1/2　　B. 2/3　　C. 3/4　　D. 4/5

9. 取用化学品时，以下哪项操作是正确的？(　　)

A. 取用腐蚀和刺激性药品时，尽可能戴上橡皮手套和防护眼镜

B. 倾倒时，切勿直对容器口俯视；吸取时，应该使用橡皮球

C. 开启有毒气体容器时应戴防毒用具

D. 以上都是

10. 涉及有毒试剂的操作时，应采取的保护措施包括(　　)。

A. 佩戴适当的个人防护器具　　B. 了解试剂毒性，在通风橱中操作

C. 做好应急救援预案　　D. 以上都是

11. 实验开始前应该做好哪些准备？(　　)

A. 必须认真预习，理清实验思路

B. 仔细检查仪器是否有破损，掌握正确使用仪器的要点，弄清水、电、气的管线开关和标志，保持头脑清醒，避免违规操作

C. 了解实验中使用的药品的性能和有可能引起的危害及相应的注意事项

D. 以上都是

12. 危险化学品对人体会产生危害，如刺激眼睛、灼伤皮肤、损伤呼吸道、麻痹神经等，一定要注意化学品的使用安全。以下不正确的做法是(　　)。

A. 了解所使用的危险化学品的特性，不盲目操作，不违章使用

B. 妥善保管身边的危险化学品，做到标签完整，密封保存；避热、避光、远离火种

C. 室内可存放大量危险化学品

D. 严防室内积聚高浓度易燃易爆气体

13. 使用易燃易爆的化学品，不正确的操作是(　　)。

A. 用明火加热　　B. 在通风橱中进行操作

C. 不可猛烈撞击　　D. 加热时使用水浴或油浴

14. 稀硫酸溶液的正确制备方法是(　　)。

A. 在搅拌下，加水于浓硫酸中　　B. 在搅拌下，加浓硫酸于水中

C. 水和浓硫酸加入顺序无所谓　　D. 水与浓硫酸两者一起倒入容器混合

15. 下列实验操作中，说法正确的是(　　)。

A. 可以对容量瓶、量筒等容器加热

B. 在通风橱操作时，可将头伸入通风柜内观察

C. 非一次性防护手套脱下前必须冲洗干净，而一次性手套脱下时须从后到前把里面翻出来脱下后再扔掉

D. 可以抓住塑料瓶或玻璃瓶的盖子搬运瓶子

16. 应如何简单辨认有味的化学品？（　　）

A. 用鼻子对着瓶口去辨认气味

B. 用舌头品尝试剂

C. 将瓶口远离鼻子，用手在瓶口上方扇动，稍闻其味即可

D. 取出一点，用鼻子对着闻

17. 欲除去反应中产生的氯气时，以下哪一种物质作为吸收剂最为有效？（　　）

A. 氯化钙　　B. 稀硫酸　　C. 硫代硫酸钠　　D. 氢氧化铅

18. 在使用化学品前应做好的准备有（　　）。

A. 明确药品在实验中的作用

B. 掌握药品的物理性质和化学性质

C. 了解药品的毒性，了解药品对人体的侵入途径和危险特性，了解中毒后的急救措施

D. 以上都是

19. 关于重铬酸钾洗液，下列说法错误的是（　　）。

A. 将化学反应用过的玻璃器皿不经处理，直接放入重铬酸钾洗液浸泡

B. 浸泡玻璃器皿时，不可将手直接插入洗液缸里取放器皿

C. 从洗液中捞出器皿后，立即放进清洗杯，避免洗液滴落在洗液缸外等处，然后马上用水连同手套一起清洗

D. 取放器皿应戴上专用手套，但仍不能在洗液中停留过长时间

20. 下列加热热源，化学实验室原则上不得使用的是（　　）。

A. 明火电炉　　B. 水浴、蒸汽浴

C. 油浴、沙浴、盐浴　　D. 电热板、电热套

21. 关于易燃化学试剂存放和使用的注意事项正确的是（　　）。

A. 要求单独存放于阴凉通风处　　B. 放在冰箱中时，要使用防爆冰箱

C. 远离火源，绝对不能使用明火加热　　D. 以上都是

第 5 章　化学实验废弃物的处理

化学实验往往会产生危害剩余化学品、擦拭化学品的清洁用品、混有危害化学品的水溶液、易燃的有机废溶剂、取用化学品的一次性塑料橡胶制品、粘有化学品的针头和碎玻璃等有害的废弃物。实际上，化学实验室排放的废弃物种类多、数量少、变化大，对环境的危害较大，因此我们需要对实验过程中产生的废弃物进行科学的分类、收集与管理，最大限度做到废弃物的资源化、减量化和无害化。

5.1　化学实验废弃物的危害

化学实验废弃物是指在化学实验中产生的，在一定时间和空间范围内基本或者完全失去使用价值，无法回收和利用的排放物。化学实验废弃物按物理形态可分为废气、废液和废渣三种，简称“三废”(图 5-1)；化学实验废弃物按危害性可分为易燃性废弃物、腐蚀性废弃物、毒性废弃物和反应性废弃物等。

随着各种实验材料使用量和种类的急剧增加，化学实验产生的废弃物也随之增加并复杂化，如不进行及时、有效的处理，随意大量地无序排放，不仅会直接危害实验人员的人身安全和身体健康，也会对大气、水体、土壤等周边环境产生污染，造成日趋严重的环境污染问题。

化学反应过程不可避免地会产生一定规模的废弃物，高等院校化学实验室的危险废弃物总量规模虽小，但种类繁多、组成复杂多变，处理难度大。废弃物处置不当的后果具有隐蔽性、间断性、长期性等特点，其规模效应不容忽视。化学实验废弃物的危险特性与危险化学品类似，但是往往更为复杂，主要包括可燃性、腐蚀性、反应性、传染性、放射性、毒性等。

化学实验废弃物的毒性表现为以下三类。

(1) 浸出毒性：用规定方法对废弃物进行浸取，在浸出液中若有一种或一种以上有害成分，其浓度超过规定标准，就可认定为具有毒性。

(2) 急性毒性：一次投给实验动物加大剂量的毒性物质，在短时间内所出现的毒性，通常用半数致死量表示，详情可参考本书第 3 章。

(3) 其他毒性：包括生物富集性、刺激性、遗传变异性、水生生物毒性及传染性等。

化学实验废弃物对人体的危害主要有致敏、引起刺激、缺氧、昏迷、麻醉、中毒、致癌、致畸、致突变、尘肺等。某些化学实验废弃物与皮肤直接接触可导致皮肤保护层脱落，引起皮肤干燥、粗糙、疼痛，甚至引起皮炎；与眼部接触可导致轻微伤害、暂时性的不适，甚

图 5-1 化学实验废弃物(“三废”)

至永久性的伤残等。如:人体慢性吸入苯,可引起头痛、头昏、乏力、苍白、视力减退和平衡失调;液体苯与皮肤接触,可溶解皮肤的皮脂,使皮肤干燥;高浓度苯蒸气对眼睛具有轻度刺激,并产生水疱(图 5-2)。

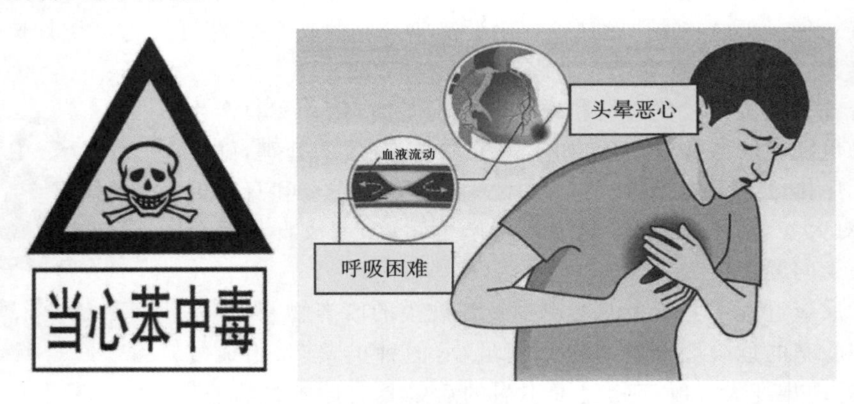

图 5-2 化学实验废弃物苯中毒的危害

有些化学实验废弃物,如重金属元素,进入人体后在相当长一段时间内可能不表现出受害症状,但潜在的危害性极大(图 5-3)。如:20 世纪 50 年代,日本某化工厂将含有甲基汞的废水排入海中,使海中生物受到污染,当地居民长期食用含高浓度有机汞的鱼类,造成汞中毒,出现运动失调、四肢麻木、疼痛、畸胎等症状,导致 1200 多人死亡。

化学实验废弃物对环境的危害不仅直接污染环境,而且有些化学实验废弃物在环境中经化学或生物转化形成二次污染,危害更大。若化学实验废弃物进入大气,可造成空气污染,影响工农业、气候和人类健康等,如:大量硫氧化物或氮氧化物进入大气会形成酸雨,影响动植物生长。若化学实验废弃物进入水体,可造成水质污染,从而使水中生物的生命受到威胁(图 5-3)。

图 5-3 化学实验废弃物对环境造成的污染

由于废弃化学品可能带来的潜在风险和危害，我们应该对化学实验废弃物进行规范分类和科学管理，做到无害化、无污染化处理。

5.2 化学实验废弃物分类与管理

5.2.1 化学实验废弃物的分类

化学实验废弃物按危害性可分为易燃性废弃物、腐蚀性废弃物、毒性废弃物和反应性废弃物等。

(1) 易燃性废弃物：①燃点低于 60 ℃，靠摩擦、吸湿或自发变化而具有着火倾向的废弃物；②在管理期间有引起自燃危险的废弃物。

(2) 腐蚀性废弃物：①对生物接触部位的细胞组织产生损害，或对装载容器产生明显腐蚀作用的废弃物；②含水废弃物，或本身不含水但加入一定量水后其浸出液的 pH≥12.5 或≤2 的废弃物；③最低温度在 55 ℃以下时，对钢制品每年的腐蚀深度大于 0.64 cm 的废弃物。

(3) 毒性废弃物：含汞、铅、镉、铬、铜、锌、砷、氰的化合物，石棉、有机氯溶剂等。

(4) 反应性废弃物：强酸、强碱、强氧化剂、强还原剂等。

化学实验废弃物按物理形态可分为废气、废液和废渣三种。

(1) 废气又称气态废弃物，主要指试剂和样品的挥发物，使用仪器分析样品时产生的废气，实验过程中产生的有毒有害气体，泄漏和排空的标准气和载气等。如酸雾、甲醛、苯系物、各种有机溶剂、汞蒸气、光气等。

(2) 废液又称液态废弃物，主要指多余的样品，实验后的余液，标准曲线及样品分析残液，失效的储存液和洗液，实验容器洗涤液等。废液分为无机废液和有机废液，无机废液含重金属(如铁、钴、铜、锰、镉、铅、铬、镍、锌、银、汞等)、氰(游离氰、氰化物或络合氰化物)、氟(氟酸或氟化物)、酸或碱等；有机废液包括油脂类(如灯油、轻油、松节油、油漆、杂酚油、锭子油、润滑油、重油、切削油、冷却油、动植物油脂等),含卤素的有机溶剂(如三氯甲烷、氯甲烷、二氯甲烷、四氯碳、甲基碘等脂肪族卤素化合物,或氯苯、苯甲氯、多氯联苯等芳香族卤素化合物),不含卤素的有机溶剂(如酚类、醚类、硝基苯类、苯胺类、有机磷化合物、石油类等)。

(3) 废渣又称固态废弃物,主要指多余样品、合成与分析产物、过期或失效的化学试剂、消耗或破损的实验用品(如玻璃器皿、纱布)、注射用过的针头锐器等。

5.2.2 化学实验废弃物的收集及暂存

化学实验废弃物应按照相关规定进行分类,在实验室指定的储存容器内收集,不具相容性的化学实验废弃物应分别储存。易燃、易爆、剧毒等化学物品在使用过程中及使用后的废渣、废液,应及时妥善处理,分类倒入指定的容器内,严禁乱放乱丢。

实验室应设置完整的废弃物清单,包括未能用尽的试剂及其包装、实验过程的副产品与泄漏物、实验结束后的清理物,根据化学品和实验废弃物的理化特性,进行分类收集管理。实验室常见废弃物的分类收集方法如表 5-1 所示。

表 5-1 实验室常见废弃物的分类收集方法

废弃物种类	收集方法	标签填写	投放地点
1. 一般垃圾 (餐巾纸、软塑料包装物、泡沫等)	黑色垃圾袋装	无	校园垃圾站
2. 硬塑料制品 (塑料注射器、离心管移液枪头等)	黄色垃圾袋装好,放入纸箱,胶带封好	"实验塑料"	废弃物暂存柜或废液室
3. 针头类 (注射器针头)	锐器盒	"针头"	废弃物暂存柜或废液室
4. 玻璃类 (破损玻璃器皿)	纸箱装好,胶带封好 (防止玻璃破碎洒落)	"碎玻璃"	废弃物暂存柜或废液室

续表

废弃物种类	收集方法	标签填写	投放地点
5. 实验试剂空瓶 (玻璃试剂瓶)	纸箱装好,胶带封好	"空瓶"	废弃物 暂存柜或 废液室
6. 废弃固体粉末 (硅胶等中性稳定颗粒)	白色小桶装好	"无机固体 废弃物 (硅胶)"	废弃物 暂存柜或 废液室
7. 有机废液	内外盖子盖紧,装液不过上线	"有机废液" 含卤素的 需要标出	废弃物 暂存柜或 废液室
8. 无机废液	注意:①盐酸和硝酸不得混放 ②含重金属的废液需要标出 ③酸碱尽量中和后入桶	"无机废液" 尽量呈中 性,重金属 需要标出	废弃物 暂存柜或 废液室

固体废弃物的处理需要与普通垃圾严格区分,没有沾染化学品的包装盒、擦手纸巾等可以直接进入普通垃圾桶。实验中转移化学品用的塑料制品如注射器针筒、塑料滴管、离心管、移液枪头以及粘有化学品的手套等,都应该收集在注明"生物危害"的黄色塑料袋中,并用胶带密封。粘有化学品的注射器针头和刀片等锐利的废弃物,应投入注明"生物危害"的硬质塑料盒中。

对每一类废弃化学品应标明来源、主要组成、化合物性质,提示可能产生的有毒气体、发热、喷溅及爆炸等危险。为防止二次污染,以尽量选用无害或易于处理的药品或方法为原则,标明具体处理措施,如用漂白粉处理含氰废水,用生石灰处理某些酸液,用废酸液"以废治废"处理废碱液。此外,还需要特别注意几种化学实验废弃物混合后,相互作用会有发生燃爆的危险(表5-2)。

表5-2 相互作用发生燃爆的化学实验废弃物列表

主要物质	互相作用的物质	产生结果
浓硝酸、硫酸	松节油、乙醇	燃烧
过氧化氢	乙酸、甲醇、丙酮	燃烧
高氯酸钾	乙醇、有机物;硫黄、有机物	爆炸
钾、钠	水	爆炸
乙炔	银、铜、汞化合物	爆炸

续表

主 要 物 质	互相作用的物质	产 生 结 果
硝酸盐	酯类、乙酸钠、氯化亚锡	爆炸
过氧化物	镁、锌、铝	爆炸

对于无机酸类废液,实验室可以收集后进行如下处理:将废酸慢慢倒入过量的含碳酸钠或氢氧化钙的水溶液中(或用废碱)相互中和,再用大量水冲洗。对于氢氧化钠、氨水等废液可以进行如下处理:用 6 mol/L HCl 水溶液中和,再用大量水冲洗。对于含汞、砷、锑、铋等离子的废液,实验室可先进行如下处理:控制酸度为 0.3 mol/L[H^+],使其生成硫化物沉淀。对于含氰废液可进行如下处理:加入氢氧化钠使 pH 值在 10 以上,加入过量的高锰酸钾(3%)溶液,使氰根负离子氧化分解。CN^- 含量高时,可加入过量的次氯酸钙和氢氧化钠溶液;对于含氟废液可进行如下处理:加入石灰使其生成氟化钙沉淀。对于无法妥善处理的废弃物,必须标明合法的专业处理机构名称。

废弃物置于室内暂存时,应根据性质分类放入室内实验室废弃物暂存柜(图 5-4),柜体表面应贴有醒目的警示标识,提醒周围人群注意废液分类安全。储存实验室废弃物时,应建立严格的处置台账,对处理人、处理数量、处理方式、处理时间等相关信息进行详细记录,双人审核,定期检查,长期存档。

图 5-4　实验室废弃物暂存柜

废弃物的暂存要求:①远离热源,对高温易爆或易腐败的特殊废弃物还应在低温下储存。②分类储存,不相容的废弃物不得混合储存,且废弃物容器上应加贴标签,对混合后可能产生危险的不同类别、不同来源的废弃物,切勿装入同一容器。③防止膨胀,确保容器内的液体废弃物在正常的处理、存放及运输时,不因温度或其他物理状况转变而膨胀,造成容器泄漏或永久变形。④要通风良好,不得有遗散、渗出、污染地面或散发恶臭等情形。

5.2.3 化学实验废弃物的搬运及转运

1. 化学实验废弃物搬运注意事项

按照严格的操作规范，要求实验室人员必须按规范处理废弃物，如配备专用的防溅眼罩、手套和工作服，在特殊情况下于通风柜外处理废弃物时，操作人员必须戴上具有过滤功能的防毒面具。制订严格的应急程序，在醒目处张贴，定期组织应急演练，备置足够、合格的应急器材，以应对在处理、收集及存放化学实验废弃物时发生的溢出、泄露、火灾等紧急情况。

2. 化学实验废弃物转运流程

化学实验废弃物转运的一般流程如图 5-5 所示。

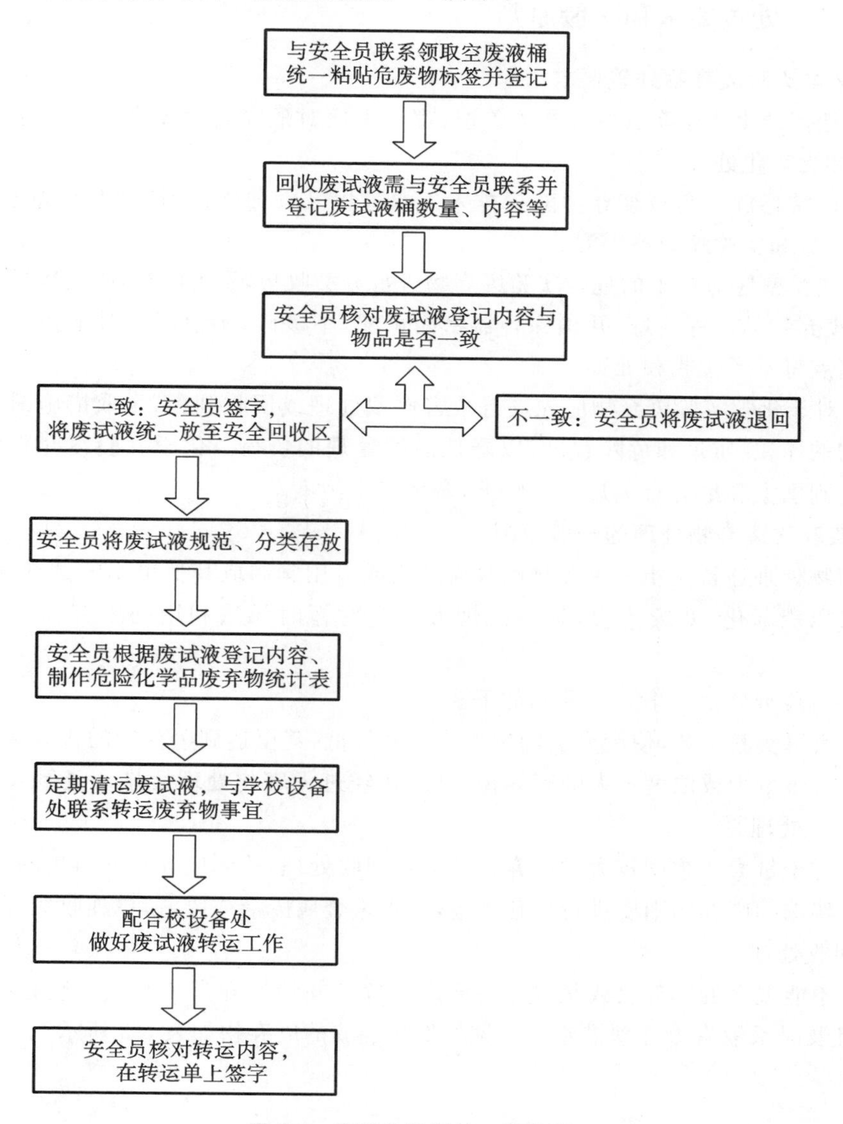

图 5-5 废弃物转运的一般流程

化学实验废弃物的回收、转运流程由各实验室、安全员、学校实设处共同完成。首先由实验室人员严格分类收集化学实验废弃物，再与安全员联系登记，经核对后，将化学实验废弃物暂存在废弃物暂存室或柜中，安全员分类规范存放，登记好废弃物的详细内容，制作统计表，定期通知学校相关部门联系专业废弃物处理公司来转运实验废弃物。

5.3 化学实验废弃物的处理方法

5.3.1 处置要求和一般原则

1. 化学实验废弃物处置要求

(1) 任何产生化学实验废弃物的单位，都有责任对危险实验废弃物做科学合理的收集、暂存和无害化处理。

(2) 严禁将危险实验废弃物随意排入下水道以及任何水源，严禁乱丢乱弃、随意堆放，生活垃圾和实验垃圾不得混放。

(3) 实验室应对产生的危险实验废弃物进行分类收集，妥善储存，收集容器外加贴标签，注明废弃物品名等信息，并确保容器密闭可靠，不破碎，不泄漏。对未达到要求的废弃物收储点将不予接收和处置。

(4) 对于化学实验废弃物应先进行减害性预处理或回收利用，采取措施减少化学实验废弃物的体积、质量和危险程度，以降低后续处理的负荷。化学实验废弃物回收利用过程应达到国家和地方有关规定的要求，避免二次污染。

2. 实验室废弃物处理的一般原则

废弃物处理通常是指将废弃物回收再利用或者用其制取其他可用的试剂和设备，使废弃物可以资源化，变废为宝；另一处理方式为对暂时无法利用的废弃物给予无害化处理。

实验室废弃物的一般处理原则如下。

(1) 改革实验工艺，使废弃物的排放量降到最低，甚至达到废弃物的排放量为零。

(2) 对于量少或浓度不大的废弃物，可以在经过无害化处理后排入或倒入专门的废液缸中统一处理。

(3) 对于量大或浓度较大的废弃物则进行回收处理，达到废弃物的再生利用。

(4) 特殊的废弃物则要进行单独收集，如贵重金属废液或废渣，单独收集可以便于对其进行回收处理。

(5) 不能混合的废弃物或是混合后会产生危险并给处理带来麻烦的废弃物，要合理分类并且及时采取有效处理措施。常见的不能混放的废弃物如表 5-3 所示。

表 5-3 不可混放的化学实验废弃物

主要物质	存放禁忌
强酸(尤其是浓硫酸)	不能与强氧化剂的盐类(如高锰酸钾、氯酸钾等)、水共混放置
氰化钾、硫化钠、亚硝酸钠、氯化钠、亚硫酸钠	不能与酸混放
还原剂、有机物	不能与氧化剂、硫酸、硝酸混放
碱金属(钠、钾等)	不能与水接触
易水解的药品(醋酸酐、乙酰氯、二氯亚砜)	不能与水溶液、酸、碱等混放
卤素(氟、氯、溴、碘)	不能与氨、酸及有机物混放
氨	不能与卤素、汞、次氯酸、酸等共存

(6) 对一些在目前条件下还无法利用的废弃物进行最终处理,可以对废弃物进行掩埋或焚烧。

(7) 对于废弃的仪器和设备在处理时要尽可能回收。

5.3.2 化学实验废弃物的回收处理

化学实验废弃物的回收处理方法,主要包括以下几个方面。

(1) 焚烧法。对可燃性废液,可置于燃烧炉中燃烧,若量少可选择室外安全的地方燃烧;对难燃烧的废液,可与可燃性物质混合燃烧,或喷入配有助燃器的焚烧炉中燃烧;对燃烧后可产生二氧化氮、二氧化硫、氯化氢等有害气体的废液,可用配有洗涤器的焚烧炉燃烧,或用碱液洗涤燃烧废气以除去有害气体;对废渣,可溶于可燃性溶剂中燃烧。

(2) 吸附法。用活性炭、硅藻土、矾土、层片状织物、聚丙烯、聚酯片、氨基甲酸乙酯泡面塑料、稻草屑、锯末等吸附剂充分吸附有害成分后,与吸附剂一起焚烧。

(3) 溶剂萃取法。对含水的低浓度废液,可用与水不相混溶的正己烷等挥发性溶剂萃取,待溶剂分离后焚烧。

(4) 蒸馏法。利用废液中各组分的沸点不同,采用蒸馏或分馏的方法除去有害成分。

(5) 中和法。通过酸碱中和反应,调节 pH 值至中性。

(6) 沉淀法。加入合适的沉淀剂,并控制温度、pH 值等条件,使有害成分生成溶解度很小的沉淀物或聚合物以除去。

(7) 水解法。对有机酸或无机酸的酯、某些有机磷化合物等易水解的物质,可加入氢氧化钠或氢氧化钙,在室温或加热条件下水解。若水解产物无害,可中和、稀释后排放;

若水解产物有害,可用吸附等适当的方法处理后再排放。

(8) 氧化法。加入合适的氧化剂,如过氧化氢、含氯化合物等,使有害成分转化成无害或危害较小的物质。

(9) 还原法。对重金属,可加入合适的还原剂,如铁屑、铜屑、硫酸亚铁、亚硫酸氢钠和硼氢化钠等,使其转化成易分离除去的形式。

习题答案

习题

一、判断题

1. 各实验室对所产生的化学实验废弃物必须实行集中分类存放,贴好标签,然后送中转站或暂存站,等待统一处置。(　　)

2. 对危险废弃物的容器和包装物以及收集、储存、运输、处置危险废弃物的设施、场所,不需要设置危险废弃物标识。(　　)

3. 能相互反应产生有毒气体的废液,不得倒入同一收集桶中。若某种废液倒入收集桶会发生危险,则应单独暂存于容器中,并贴上标签。(　　)

4. 盛装废弃危险化学品的容器和受污染的包装物,没必要按照危险废弃物进行管理,归入生活垃圾投放即可。(　　)

5. 产生有害废气的实验室必须按规定安装通风、排风设施,必要时须安装废气吸收系统,保持通风和空气新鲜。(　　)

二、选择题

1. 实验完成后,废弃物及废液应如何处置?(　　)

A. 倒入水槽中

B. 分类收集后,送中转站暂存,然后交有资质的单位处理

C. 倒入垃圾桶中

D. 任意弃置

2. 处理使用后的废液时,下列哪种说法是错误的?(　　)

A. 不明的废液不可混合收集存放

B. 实验废液不可随意处理

C. 禁止将水以外的任何物质倒入下水道,以免造成环境污染和处理人员危险

D. 少量废液用水稀释后,可倒入下水道

3. 用剩的活泼金属残渣的正确处理方法是(　　)。

A. 连同溶剂一起作为废液处理

B. 在氮气保护下,缓慢滴加乙醇,进行搅拌使所有金属反应完毕后,整体作为废液处理

C. 将金属取出暴露在空气中使其氧化完全

D. 以上都对

4. 混合时不会生成高敏感、不稳定或者具有爆炸性物质的是(　　)。

A. 醚和醇类　　　　B. 烯烃和空气

C. 氯酸盐和铵盐　　D. 亚硝酸盐和铵盐

5．用过的废铬酸洗液应如何处理？（　　）

A. 可直接倒入下水道　　B. 作为废液交相关部门统一处理

C. 可以用来洗厕所　　D. 随意处置

第 6 章　化学实验室设备及操作规范

仪器设备是现代化学实验室进行教学、科研和创新必备的物质基础。随着改革开放的不断深入，实验室仪器设备的投入不断加大，其在教学和科研方面发挥的作用也日益增大。实验室设备种类多，分类管理实验室仪器设备，并做好仪器设备的日常维护，以方便学生熟悉和正确操作，关系到仪器设备的使用寿命和正常运转。仪器设备的正常运转是保障实验教学和科学研究正常进行的前提，也是实验室安全的重要环节。

化学实验室配置的设备从大类可以分为通用设备和特种设备，其中常用的通用设备有加热设备、制冷设备、离心设备、微波设备等，特种设备主要有气体钢瓶、高压釜、杜瓦瓶、高压灭菌锅、水热合成反应釜等。

6.1　通 用 设 备

6.1.1　加热设备

化学实验室中常用的加热设备有电炉(图 6-1(b))、电热套(板)、水(油)浴锅、电吹风/电热枪(图 6-1(a))、烘箱/干燥箱、管式炉、马弗炉等。这些加热设备基本都属于大功率电器，其高温和带电的双重特点导致其具有潜在的安全隐患，在使用此类设备时需要注意以下事项。

(1) 使用加热设备必须采取必要的防护措施，严格按照操作规范进行，使用时人员不得离岗。使用完毕，必须关掉电源，拔下插头。

(2) 加热设备需放置在实验室通风良好处，在阻燃稳固的实验台或者地面上进行操作，不得在其周围堆放易燃易爆物品、气体钢瓶或杂物，保持一定的散热空间，并使用专线插座单独给设备供电。

(3) 禁止使用加热设备烘烤溶剂、油品和塑料等易燃、可挥发物质。加热时会产生有毒有害气体的实验须在通风橱内进行操作。

(4) 使用过程中随时观察设备的温度变化，并根据温度变化，选择和使用合理档位进行加热。应在断电的情况下，采取安全可靠的方式取放被加热物品。使用完毕后，设备应擦拭干净，进行常规保养，并做好周围环境卫生。

(5) 应保持电热板工作面干净，不要有水滴和污物等。其持续使用工作温度应小于 240 ℃，瞬时温度不能超过 300 ℃。加热完毕后，切断电源，待工作面冷却后将其清理干净。

(6) 使用电吹风、电热枪时，不可指向人体任何部位。使用后，需进行自然冷却，不得堵塞或覆盖出风口或者入风口。

(a)电热枪

(b)电炉

图 6-1 实验室常用的电加热设备(一)

(7) 尽可能避免使用明火电炉。若必须使用,需经设备处、学院审批,同时采取有效的安全防护措施。

除一些通用的加热电器需要注意以外,实验室中还有一些比较专业的加热设备,如电热套、恒温水浴锅、干燥箱和马弗炉等,在使用和维护这些设备的过程中,更应该遵守相应的规则,以避免安全事故的发生。

1. 电加热套

电加热套的使用

电加热套一般由内层、隔热层和防护层三层组成,采用防火不燃纤维,内含高温棉,外包裹不燃、耐高温(550～1450 ℃)的无碱玻璃纤维隔热布,经特殊工艺处理后加工而成。加热套结构紧密、无刺激性、质地柔软、有韧性且相对绝缘,具有升温快、温度高、操作简便和经久耐用的特点(图 6-2(a))。电热套的使用注意事项如下。

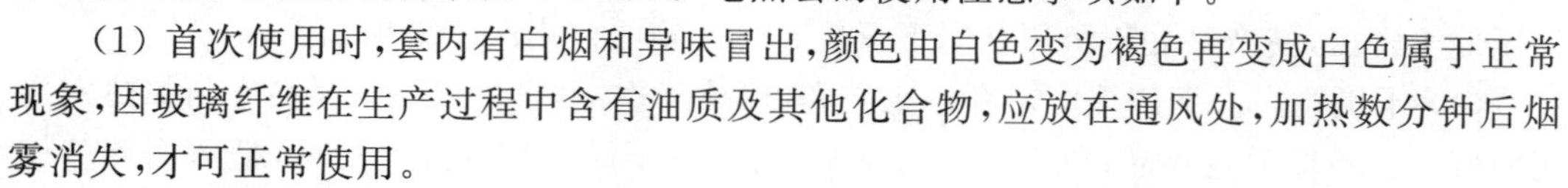

(1) 首次使用时,套内有白烟和异味冒出,颜色由白色变为褐色再变成白色属于正常现象,因玻璃纤维在生产过程中含有油质及其他化合物,应放在通风处,加热数分钟后烟雾消失,才可正常使用。

(2) 使用时要确认工作电压处于额定值,禁止欠压或者过压使用。

(3) 柔性加热套需与加热物体紧密贴合安装,无空隙,不然会导致加热效率低、使用寿命变短。

(4) 加热套禁止被尖锐物体触碰,防止漏电,局部也不能受到剧烈挤压,并定期检查有无受损情况。

(5) 使用时不要触碰加热套,防止意外发生,不要用加热套取暖或干烧,应贴出相应安全告示,充分提醒。

(6) 环境湿度相对过大时,可能会有感应电透过保温层传至外壳,所以仪器应有良好的接地装置,禁止自行维修、拆卸或修改电路。

(7) 当液体溢入加热套内时,须迅速关闭电源,将电热套放在通风处,待干燥后方可使用,以免漏电或电器短路发生危险。

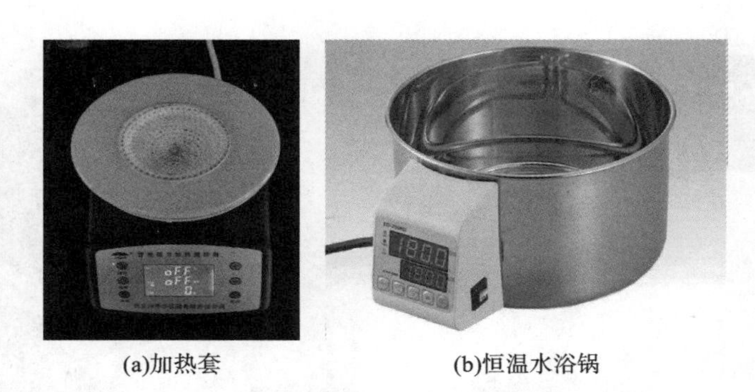
(a)加热套　　(b)恒温水浴锅

图 6-2　实验室常用的电加热设备(二)

2. 恒温水浴锅

数显电热恒温水浴锅由机箱、恒温水槽和控温装置三部分组成,具有耐高温、耐腐蚀的特点,可以用于实验室中蒸馏、干燥、浓缩,及温浸化学品或生物制品,也可用于恒温加热和其他温度实验。它是生化、遗传、病毒、水产、环保、医药、卫生实验室的必备工具,属于辅助恒温实验仪器(图 6-2(b))。恒温水浴锅的使用注意事项如下。

(1) 使用前先把水加入水箱中(最好用蒸馏水,以避免产生水垢),所加水位必须高于电热管表面,然后接通电源。

(2) 注水时不可将水放得太满,以免水沸腾时流入隔层和控制箱内,发生触电事故。

(3) 工作完毕,将温控旋钮、增减器置于最小值,切断电源。

(4) 不用时将水及时放掉并擦干净,保持清洁,以延长使用寿命。

3. 干燥箱

干燥箱又称“烘箱”,是一种常用的仪器设备,主要用于干燥物品,也可提供实验所需的环境温度(图 6-3(a))。按照功能分为鼓风干燥和真空干燥两种。鼓风干燥是通过循环风机吹出热风,保证箱内温度平衡;真空干燥是采用真空泵将箱内的空气抽出,让箱内气压低于常压,使产品处于负压状态下干燥。干燥箱的使用注意事项如下。

(1) 干燥箱内上下四周应留存一定空间,保持工作室内气流畅通;样品室与加热室之间的搁板上不能放置物品,免得影响热量交换;根据干燥物品的潮湿情况,把风门调节旋钮旋到合适位置,一般旋至最小;若物品比较潮湿,将调节旋钮调至最大。

(2) 使用定时功能设定的时间是从设定完毕,进入工作状态开始计算,故需将干燥箱加热、恒温、干燥三阶段时间合并计算。

(3) 第一次开机,或使用一段时间后,或当季节(环境湿度)变化时,必须复核工作室内测量温度和实际温度之间的误差,即控温精度。

(4) 干燥结束后,如需更换干燥物品,则在开箱门更换前将风机开关关掉,以防干燥物被吹掉;若不立刻取出物品,应先将风门调节旋钮旋转至最小处,再把电源开关关掉,以保持箱内干燥;若不再继续干燥物品,则将风门调节旋钮旋转至最大处,关掉电源开关,待箱内冷却至室温后,取出箱内干燥物品,将工作室擦干。

(5) 干燥箱使用时要求周围无强烈振动、无强电磁场存在及腐蚀性气体影响,干燥箱内不得放入易被腐蚀、易燃、易爆物品。

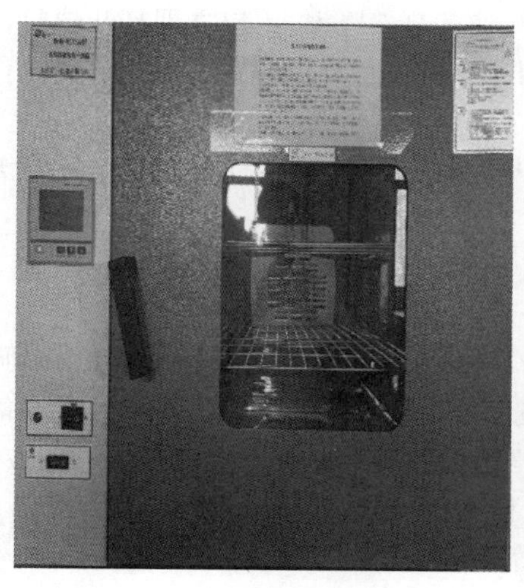

(a)干燥箱

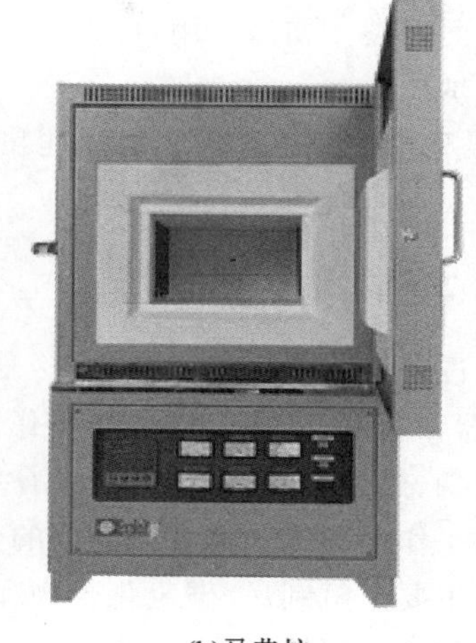

(b)马弗炉

图 6-3　实验室常用的电加热设备(三)

(6) 干燥箱在工作时必须将风机开关打开，否则箱内温度和测量温度误差会很大，从而引起电机或传感器烧坏。真空干燥箱不需连续抽气时，应先关闭真空阀，再关闭真空泵电源，否则真空泵油会倒灌至箱内。

4. 马弗炉

马弗炉又称马福炉或箱式电阻炉。马弗炉系周期作业式设备，供实验室做元素分析测定前处理和淬火、退火、回火等热处理时用，还可用于金属、陶瓷的烧结、熔解、分析等高温加热(图 6-3(b))。马弗炉的使用注意事项如下。

马弗炉的使用

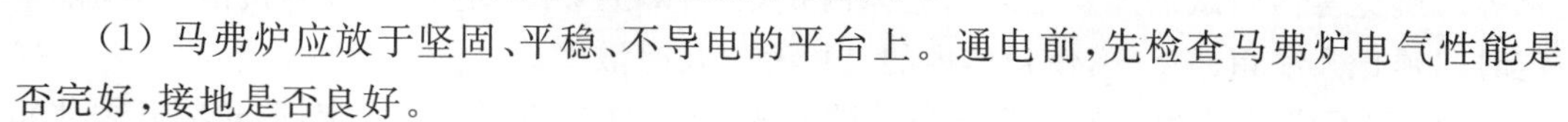

(1) 马弗炉应放于坚固、平稳、不导电的平台上。通电前，先检查马弗炉电气性能是否完好，接地是否良好。

(2) 马弗炉最好在低于最高允许温度 50 ℃以下工作，此时炉丝有较长的寿命。

(3) 马弗炉进行加热时，炉外套也会变热，应使马弗炉远离易燃物，并保持炉外易散热。

(4) 新炉耐火材料里含有水分，为使加热元件生成氧化层，第一次使用或长期停用马弗炉后必须进行烘炉：室温至 200 ℃，打开炉门 4 h；200～400 ℃，关闭炉门 2 h；400～600 ℃，关闭炉门 2 h。不得连续使用马弗炉 8 h 以上。

(5) 做灰化实验时，一定要先将样品在电炉上充分碳化后，再放入马弗炉中，以防碳的积累损坏加热元件。

(6) 测温热电偶不要在高温状态或使用过程中拔出或插入，以防外套管炸裂；对马弗炉内热电偶所指示的温度，应做定期校正。

(7) 禁止向炉膛内放置各种液体及易熔化金属。加热熔融碱性物质时，应防止熔融物外溢，样品一定要用洁净的坩埚盛放。炉膛内应垫一层石棉板，以减少坩埚的磨损及防止炉膛被污染。

(8) 使用时要时常关注其状态，防止自控仪表失灵造成事故；晚间无人值班时，切勿使用。

(9) 实验完毕后应关闭开关,切断电源,使其自然降温,不应立即打开炉门,以免炉膛突然受冷而碎裂。如需急用,可先开一条小缝,加快其降温,待温度降至 200 ℃以下时,方可打开炉门。

(10) 马弗炉应由专人定期校准和维护,设备上应粘贴“注意安全,谨防烫伤”的安全提示。

6.1.2 制冷设备

制冷设备主要是指用于冷冻、冷藏及空气调节的设备,主要由压缩机、膨胀阀、蒸发器、冷凝器和附件、管路组成。按工作原理可分为压缩制冷设备、吸收制冷设备、蒸汽喷射制冷设备、热泵制冷设备和电热制冷装置等。目前应用最普遍的是压缩制冷设备。通过设备的工作循环将物体及其周围的热量移出,造成并维持一定的低温状态。目前所用的制冷剂主要是氟利昂、碳氢化合物和氨等。

许多化学品性质活泼,或化学反应过于剧烈,需要在低温下保存或进行反应,因此制冷设备是化学实验室常用的、用于创造低温环境的仪器设备。制冷设备主要类型有低温冰箱、防爆冰箱、冷冻机、制冰机和低温循环泵等。

1. 防爆冰箱

储存化学试剂应使用防爆冰箱,并在冰箱门上粘贴警示标识。防爆冰箱的使用要求如下。

(1) 实验室原则上不得超期使用冰箱(一般规定为 10 年)。实验室冰箱严禁存放非实验用的饮料与食品;冰箱内各药品须粘贴标签,明确名称、浓度、责任人、日期等信息。

(2) 防爆冰箱内存放易挥发有机试剂的容器必须加盖密封(螺口盖、磨砂玻璃、橡皮塞等),避免容器内试剂挥发至冰箱箱体内积聚。冰箱内不宜存放过多有机溶剂,间隔一定时间须打开冰箱门换气,使箱体内的有机蒸气及时散发。

(3) 对存放在冰箱内的重心较高的试剂瓶、烧瓶等容器应加以固定,防止因开关冰箱门造成倒伏,使玻璃器皿破裂而致溶剂溢出。

(4) 冰箱内存放强酸、强碱以及腐蚀性物品时,必须选择耐腐蚀的容器,并且存放于托盘内,以免器皿被腐蚀后药品外泄。

(5) 经常清理冰箱内的物品(特别是学生毕业离校时)。

2. 制冰机

制冰机的使用

制冰机是一种将水通过蒸发器由制冷系统制冷剂冷却后生成冰的制冷机械设备,采用制冷系统,以水为载体,在通电状态下通过某一设备后制造出冰。根据蒸发器的原理和生产方式不同,生成冰块的形状也不同;人们一般按照冰块形状将制冰机分为颗粒冰机、片冰机、板冰机、管冰机和壳冰机等(图 6-4(a))。制冰机的使用注意事项如下。

(1) 应置于安全清洁、通风良好的环境,且不要受到阳光的直射和雨淋;不能靠近热源,使用环境温度应控制在 5～40 ℃之间,以免温度过高影响冷凝器散热,从而达不到良好的制冰效果。

(2) 安装于平稳的平台上,并调整仪器底部的地脚螺钉以保证仪器放置水平,否则会导致不脱冰及运行时产生噪声。

(3) 应使用符合当地饮用水标准的水源,并安装过滤器,以去除水中杂质,避免堵塞水管,污染水槽和冰模并影响制冰性能。

(4) 每次制冰过程结束时,需把水槽里经过冷却后的余水排掉以达到清洗效果,减少蒸发器和水循环系统内水垢的产生。一般每隔 6 个月,要用制冰机清洗剂和消毒剂进行清洗消毒,并漂洗干净。

(5) 搬运制冰机时应小心轻放,防止剧烈振动,搬运斜度不能小于 45°角,经过长途运输后,制冰机应放置 2～6 h 后方能开机制冰。

3. 低温循环泵

低温循环泵是采取机械制冷的低温液体循环设备,可以作为低温浴使用。低温循环泵(图 6-4(b))也可以与旋转蒸发器、真空冷冻干燥箱、循环水式真空泵、磁力搅拌器等仪器结合使用,进行低温冷却、低温化学反应及药物储存。使用低温循环泵时,需要注意以下事项。

低温循环泵的使用

(1) 启动低温循环泵之前,应在槽内加入乙醇介质(防冻液也可),乙醇液面以没过槽内制冷盘管并低于工作台 20 mm 为宜;经常注意观察槽内介质液面高低,当液面过低时,及时添加乙醇。

(2) 避免酸碱类物质进入槽内腐蚀盘管以及内胆。

(3) 当低温循环泵工作温度较低时,注意不要开启上盖,手勿伸入槽内,以防冻伤。

(4) 液体外循环时应特别注意引出管连接处的牢固性,严防脱落,以免液体漏出。

(a)制冰机

(b)低温循环泵

图 6-4 实验室常用的制冷设备

6.1.3 离心设备

1. 离心机

离心机是将样品进行分离的仪器,广泛用于生物医学、化学化工、农业和食品卫生等领域。离心机利用离心力,根据混合物中各组分沉降系数、质量和密度等不同的原理,将样品混合物中的液体与固体颗粒分离出来(图 6-5)。离心机按转速可分为低速离心机、高速离心机和超高速离心机等;按温度可分为冷冻离心机和常温离心机;按容量可分为微量离心机、大容量离心机和超大容量离心机;按外形可分为台式离心机和落地式离心机。

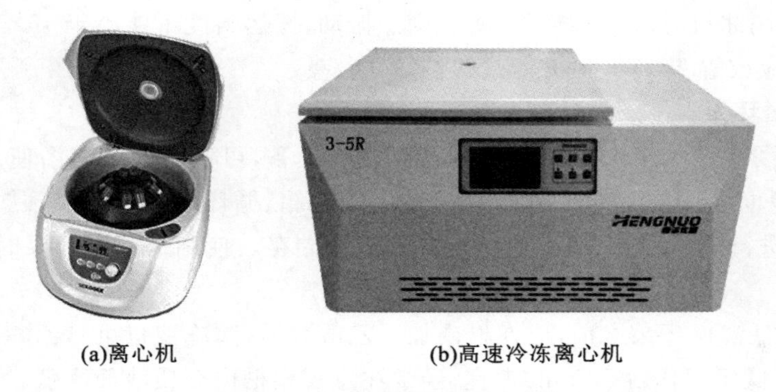

(a)离心机　　(b)高速冷冻离心机

图 6-5　实验室常用的离心设备

离心机的使用

使用离心机必须确保安全,离心机失控会造成很大的破坏。因此要注意离心管是否平衡,转速是否超过设置,转子是否有腐蚀等问题。离心机安全操作流程如图 6-6 所示。

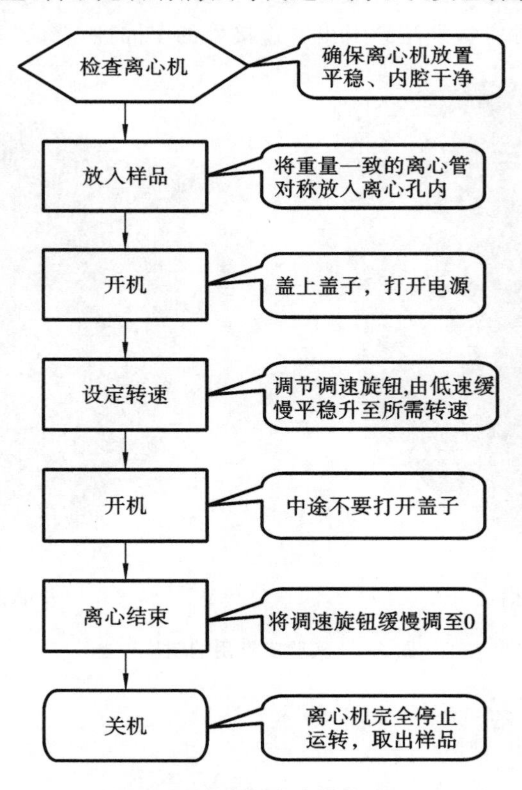

图 6-6　离心机安全操作流程

离心机使用注意事项如下。

(1) 使用各种离心机时，必须事先在天平上精密地平衡离心管和其内容物，平衡时质量之差不得超过各个离心机说明书上所规定的范围，转头中装载的管子数目不能为单数，且负载应均匀地分布在转头的周围。

(2) 在低于室温的条件下离心时，转头在使用前应放置在冰箱或置于离心机的转头室内预冷。离心机在预冷状态时，机盖必须关闭，离心结束后取出的转头应倒置于实验台上，擦干腔内余水。

(3) 离心过程中不得随意离开，应随时观察离心机上的仪表是否正常工作，如有异常的声音，操作人员不能直接切断电源(POWER)，要立即按 STOP 键停机后检查，及时排除故障。

(4) 每个转头各有其较高允许转速和使用累计时限，每一个转头都有使用档案，记录累计使用时间，若超过该转头的较高使用时限，则须按规定降速使用。

(5) 根据待离心液体的性质及体积选用合适的离心管。有的离心管无盖，液体不得装得过多，以防离心时甩出，造成转头不平衡、生锈或被腐蚀。制备型超高速离心机的离心管，则常常要求必须将液体装满，以免离心时塑料离心管的上部凹陷变形。

(6) 每次使用后，必须仔细检查转头，及时清洗擦干；转头是离心机中须重点保护的部件，不能碰撞，避免造成伤痕，转头长时间不用时，要涂上一层上光蜡保护；严禁使用变形、损伤或老化的离心管。

(7) 转头盖在拧紧后一定要用手指触摸转头与转盖之间，看是否有缝隙，如有缝隙，要拧开重新拧紧，直至确认无缝隙方可启动离心机。因为一旦误启动，转头盖就会飞出，造成事故。

2. 高速冷冻离心机

高速冷冻离心机转速可达 10000 r/min 以上，除具有冷冻离心机的性能和结构外，其所用角式转头多采用钛合金或铝合金制成。离心管为具盖聚乙烯硬塑料制品。这类离心机多用于收集微生物、细胞碎片、硫酸沉淀物以及免疫沉淀物等。由于转动速率快，要防止离心机在转动期间因不平衡或吸垫老化时边工作边移动，以致从实验台掉下来；或离心机盖子未盖好，离心管因振动而破裂后，玻璃飞出，造成事故。因此操作高速冷冻离心机的实验人员需经过专门的培训，同时应注意以下事项。

(1) 高速冷冻离心机套管底部要垫上棉花，使用前需登记使用者、转头、转速和时间；离心时间一般为 1～2 min，实验者在此期间不准离开。

(2) 一定要平衡好离心管，放入转头时也要注意位置的平衡。若只有一支样品管，则要用另外一支装等质量的水的离心管进行配平替代。

(3) 通常离心状况是否正常，可以从噪声大小和振动情形得知，如噪声过大或机身振动剧烈，应立即停机，及时排除故障。

(4) 使用硫酸铵等高盐溶液样本后，一定要将转头清洗干净，也要清理离心机转舱。

6.1.4 其他通用设备

1. 超声清洗机

超声清洗机主要是通过换能器，将超声频源的声能转换成机械振动能，使槽内液体

中的微气泡能够在声波的作用下保持振动。当声压或者声强受到的压力达到一定程度时,气泡就会迅速膨胀,然后又突然闭合,在这个过程中,气泡闭合的瞬间产生冲击波,使气泡周围产生相对压力及局部高温,这种超声波空化所产生的压力能破坏不溶性污物而使其分散在溶液中(图 6-7(a))。

超声清洗机的使用

除高效的清洗功能以外,超声清洗机还具有“脱气”“提取”“乳化”“加速溶解”“粉碎”“分散”等多种功能。超声清洗机使用时需注意以下事项。

(1) 超声清洗机须放在通风、干燥以及无强腐蚀性气体的环境中,并避免剧烈振动;超声发生器后侧的风扇孔应定期清理,留有足够的散热空间以使气流畅通无阻。

(2) 启动超声清洗机之前,清洗缸内必须放入液体才能开机工作,在空气状态下开机会损坏机器。水是最常用的清洗液,清洗缸有最低水位要求而且要水平放置。

(3) 切勿将高温液体或低温液体直接注入缸内,以免换能器松动而影响机器正常使用;物品应放在清洗篮中清洗,避免直接放在槽底,以免影响清洗效果。

(4) 清洗液温度会随连续工作时间而升高,超声清洗机连续工作时间不要超过 8 h。

(5) 清洗完成后,必须切断电源,以防止事故发生(关机后不要立刻重新开机,间隙时间应在 1 min 以上)。

(a)超声清洗机

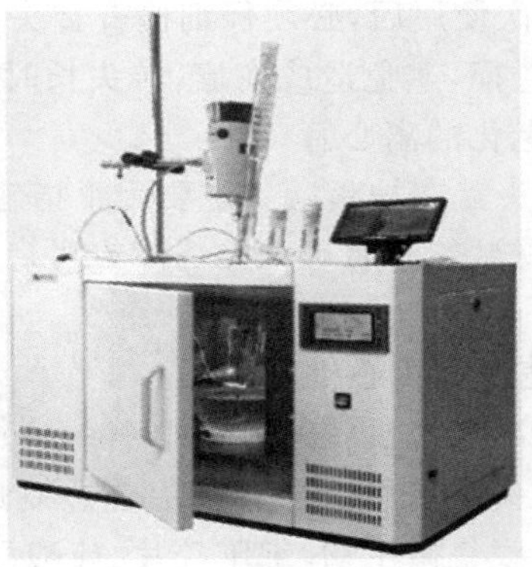

(b)微波反应器

图 6-7 其他通用设备

2. 微波反应器

微波是一种高频率的电磁波,其本身并不产生热。自然界的微波因为分散不集中,故不能作为一种能源,而磁控管可将电能转变为微波,以 2450 MHz 的振荡频率穿透介质,当介质有合适的介电常数和介质耗损时,便会在交变电磁场中发生高频振荡,使能量在介质内部积蓄起来。对化学反应而言,可同时产生热效应和非热效应。微波技术应用于合成反应,反应速率比常规方法要快数十倍甚至数千倍,并且能合成出常规方法难以生成的物质,因此在材料、制药和化学化工领域得到了较广泛的应用。

微波反应器的使用

由于微波反应器开启后,会产生较强的电磁辐射,操作人员应与仪器保持一定的距离。严禁将易燃易爆等危险化学品放入微波反应器中加热,实验用微波反应器严禁加热食品(图 6-7(b))。微波反应器的使用注意事项如下。

(1) 严禁在炉腔无负载的情况下开启微波,以免损伤磁控管。

(2) 微波反应器应水平放置,避免磁力搅拌不能正常工作。

（3）请勿将金属物品放入炉腔，避免金属打火。

（4）工作完毕后从炉腔拿出器皿时，应戴隔热手套，以免高温烫伤。

（5）反应器外罩的百叶窗严禁覆盖，以免散热不良而造成仪器损伤。

（6）做微量或半微量实验时，因为载体不能完全吸收所有的微波，所以应在炉腔内放置其他吸波物质，如一定量的甘油，用于吸收微波。

3. 微波消解仪

微波消解技术是利用微波的穿透性和激活能力加热密闭容器内的试剂和样品，使制样容器内压力增大，反应温度升高，从而大大提高反应速率，缩短样品制备的时间。微波消解系统制样可用于原子吸收光谱（AAS）、电感耦合等离子体光谱（ICP）、电感耦合等离子体光谱-质谱（ICP-MS）、气相色谱（GC）、气相色谱-质谱（GC-MS）及其他仪器的样品前处理。微波消解仪的主要部件包括自动监控系统及微波炉（磁控管、波导管、微波炉腔、负载盘、自动控制系统、排风系统、安全防护门、微波消解罐和温压控制罐等）（图6-8）。

微波消解仪的使用

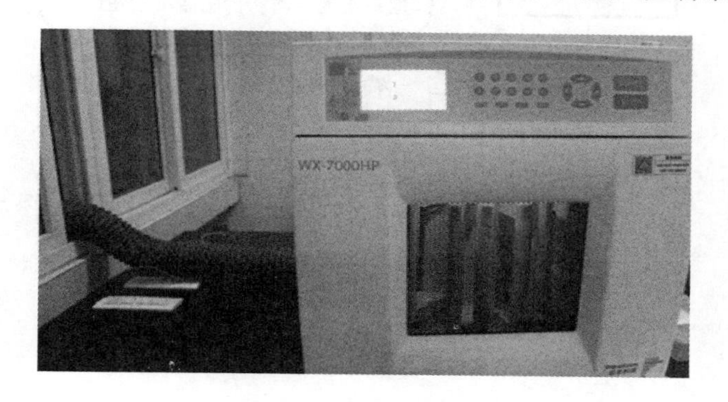

图6-8 微波消解仪

微波消解仪安全操作流程如图6-9所示，使用时应注意以下事项。

（1）加入酸与液体的体积，皆少于罐容积的1/3。最大固体加样量：内插罐中固体质量不大于0.1 g；内罐中固体质量不大于0.5 g。

（2）严禁用高氯酸进行消化，同一批次的消化样品应性质相同。

（3）1号主控罐应加入样品，主控罐一定要安装在正对操作者的位置。

（4）特别注意温度传感器，轻拿轻放；外罐要注意防酸腐蚀；放置支架时应间隔相同距离，平衡放置。

（5）主控罐要先卸压再拔掉压力传感器；一般情况下温度达到45 ℃以下时开盖，为了适合分析，可进行蒸酸或定容。

（6）清洗内罐和内插罐时，禁用毛刷，可用棉棒擦拭；内管上的“O”形圈应该在赶酸或清洗时取下。

（7）将密封盖压入密封器上至少3 s，新密封应压10 s以上；为密封有效，请在扩口后15 min内开始实验，否则需要重新扩口。

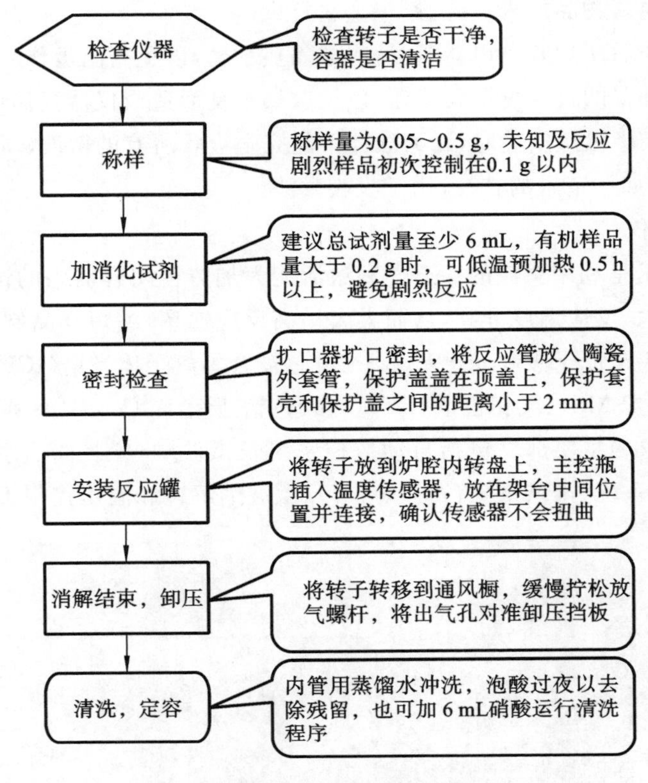

图 6-9 微波消解仪安全操作流程

6.2 特种设备

《中华人民共和国特种设备安全法》所指的特种设备：对人身和财产安全有较大危险性的设备，以及法律和行政法规规定的其他特种设备。特种设备分为承压类特种设备和机电类特种设备，承压类特种设备主要有锅炉、压力容器（含气体钢瓶）、压力管道，机电类特种设备主要有电梯、起重机械、客运索道和大型游乐设施、场（厂）内专用机动车辆等。

化学实验室常用的特种设备主要是压力容器，它是内部或外部承受气体或液体压力，并对安全性有较高要求的密封容器。压力容器主要为圆柱形，少数为球形或其他形状。圆柱形压力容器通常由筒体、封头、接管、法兰等零件和部件组成，压力容器工作压力越高，筒体壁就越厚。

6.2.1 压力容器的分类

压力容器可根据压力等级、用途和安装方式等几种方式进行分类。

(1) 按压力等级分类：压力容器可分为内压容器与外压容器。内压容器又可按设计压力（p）大小分为四个压力等级，具体划分见表 6-1。

表 6-1　按压力等级分类的压力容器

类　　型	压力范围/MPa	代　　号	举　　例
低压容器	$0.1 \leqslant p < 1.6$	L	低压锅炉
中压容器	$1.6 \leqslant p < 10$	M	压力反应器
高压容器	$10 \leqslant p < 100$	H	高压气瓶
超高压容器	$100 \leqslant p$	U	超临界反应装置

(2) 按容器在生产中的作用分类：根据压力容器的主要用途，又可分为表 6-2 所示的 4 类。如果一种压力容器同时具备两个以上的工艺作用原理，则压力容器可按工艺过程中的主要作用进行分类。

表 6-2　按压力等级分类的压力容器

类　　型	代　　号	典 型 用 途
反应压力容器	R	用于完成介质的物理、化学反应
换热压力容器	E	用于完成介质的热量交换
分离压力容器	S	用于完成介质的流体压力平衡缓冲和气体净化分离
储存压力容器	C(圆柱形) B(球形)	用于储存、盛装气体、液体、液化气体等介质

(3) 按安装方式分类。

①固定式压力容器：有固定的安装方式、使用地点、工艺条件以及操作人员的压力容器。比如高压釜、锅炉。

②移动式压力容器：使用时不仅承受内压或外压载荷，搬运过程中还会受到由于内部介质晃动引起的冲击力，以及运输过程带来的外部撞击和振动荷载，因而在结构、使用和安全方面均有其特殊的要求。如气瓶、杜瓦瓶、高压锅。

上面所述的几种分类方法仅考虑了压力容器的某个设计参数或使用状况，还不能综合反映压力容器的危险程度。压力容器的危险程度还与介质危险性及其设计压力 p 和全容积 V 的乘积有关，pV 值越大，则容器破裂时爆炸能量越大，危害性也越大，对容器的设计、制造、检验、使用和管理的要求也越高。下面介绍实验室常用的几种压力容器的特点及使用规范。

6.2.2　气体钢瓶

气体钢瓶(简称气瓶)是储存压缩气体的特制的耐压钢瓶(图 6-10)。使用高压气体钢瓶时，通过减压阀(气压表)来控制放出气体的量。由于气瓶的内压很大，而且有些气体易燃或有毒，所以在使用气瓶时要特别注意安全。气瓶的使用注意事项如下。

气体钢瓶的使用

(1) 气体钢瓶应存放在阴凉、干燥和远离热源的地方，避免暴晒和强烈振动；绝不可让油或其他易燃有机物沾在气瓶上(特别是气门嘴和减压阀)，不能穿戴易感应产生静电的服装或手套操作，也不得用棉、麻等物堵漏，以防燃烧爆炸引起事故。

(2) 使用时应先旋动总阀后开减压器；用完后先关闭总阀，放尽余气后，再关减压器；切不可只关减压器，不关总阀。

(3) 不可将钢瓶内的气体全部用完，一定要保留 0.05 MPa 以上的残留压力（减压阀表压）；可燃性气体应剩余 0.3 MPa 以上，以防重新充气时发生危险。

(4) 使用时应加装固定环，旋紧安全帽，以保护开关阀，防止其意外转动和减少碰撞；最好用特制的担架或小推车，也可以用手平抬或垂直转动，但绝不允许用手执开关阀移动。

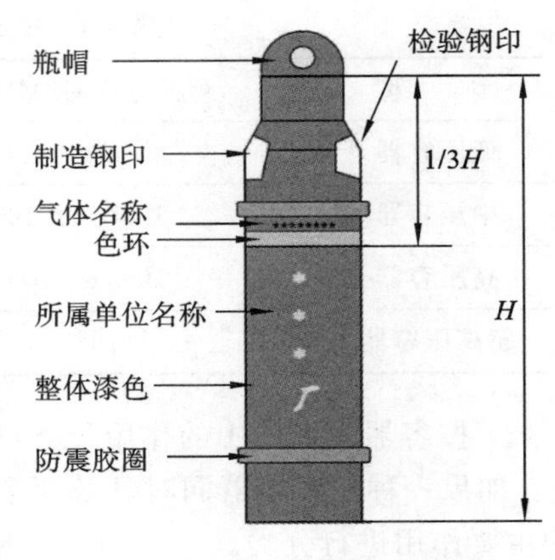

图 6-10 气体钢瓶结构示意图

(5) 高压气瓶需分类分处保管，空瓶、实瓶要分开，两者间距不应小于 1.5 m；所装介质能引起化学反应的气体应分室存放（如氧气瓶与氢气、液化石油气瓶，乙炔瓶与氧气、氯气瓶不能同室储存），同一实验室存放气瓶量不得超过两瓶。

(6) 送交有关单位检查合格后方可使用；在钢瓶肩部，用钢印打出下述标记信息：制造厂、制造日期、气瓶型号、工作压力、气压实验、压力气压实验日期、下次送检日期、气体容积、气瓶质量（图 6-11）。

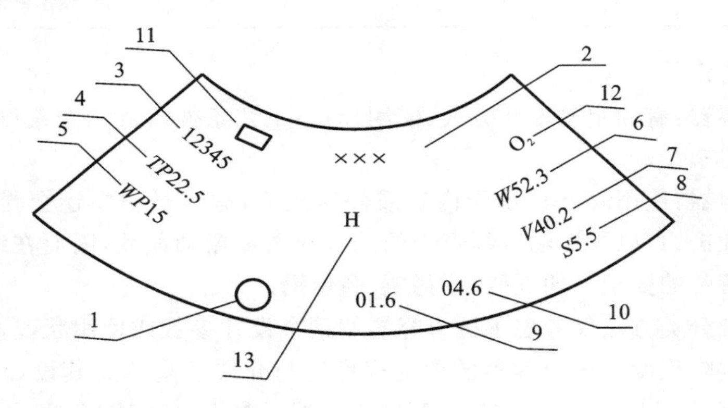

1—制造厂检验标记；
2—钢瓶制造厂代号或商标；
3—钢瓶编号；
4—水压实验压力，MPa；
5—公称工作压力，MPa；
6—实测重量，kg；
7—实测容积，L；
8—瓶体设计壁厚，mm；
9—制造年月(最早年月)；
10—最新检验年月(最近年月)；
11—安全监察部门的监检标记；
12—盛装介质名称或化学式；
13—寒冷地区用钢瓶代号(铬钼钢材料)

图 6-11 气体钢瓶标牌示意图

(7) 可燃气体和助燃气体气瓶，与明火的距离应大于 10 m（确难达到时，可采取隔离等措施）。

(8) 为了避免各种气瓶混淆而用错气体，通常在气瓶外面涂以特定的颜色以示区别，并在瓶上写明瓶内气体的名称（表 6-3，图 6-12）。

表 6-3 一些典型高压气瓶的颜色标识及检验周期

气　　体	分子式	气瓶颜色	字　　体	字体颜色	检验周期
氢	H_2	淡绿	氢	大红	3 年
氧	O_2	淡汰蓝	氧	黑色	3 年
氮	N_2	黑	氮	淡黄	5 年
氦	He	银灰	氦	深绿	5 年
氩	Ar	银灰	氩	深绿	5 年
二氧化碳	CO_2	铝白	二氧化碳	黑色	3 年
溶解乙炔	C_2H_2	白色	乙炔	大红	3 年
氨	NH_3	淡黄	液氨	黑色	2 年
甲烷	CH_4	棕色	甲烷	白色	3 年
空气	Air	蓝瓶肩＋黑色	空气	白色	3 年
氮＋氢	N_2+H_2	绿瓶肩＋黑色	混合气	白色	3 年
氩＋氢	$Ar+H_2$	绿瓶肩＋灰色	混合气	白色	3 年

扫码看彩图

图 6-12 常用气瓶颜色标识

气瓶充装的气体成分复杂且压力较大，导致气瓶爆炸的事故原因也很多，主要表现为以下几个方面。

(1) 缺乏气瓶安全知识及违章操作(如超压致爆、开关阀门动作过快、带油脂静电作业或未禁烟火等)是气瓶爆炸的主要原因。

(2) 气瓶的材质、结构和制造工艺不符合安全要求。

(3) 氧气瓶、氢气瓶混充，没有做到专瓶专用。

(4) 装卸过程中碰撞，从高处坠落，倾斜或滚动等发生剧烈碰撞冲击。

(5) 由于保管和使用不善，受日光暴晒、明火、热辐射等作用。

(6) 气瓶瓶阀无瓶帽保护，受到振动或使用方法不当等，造成密封不严、泄漏甚至瓶阀损坏、高压气流冲出。

(7) 气瓶未做定期技术检验。

防范措施除了针对以上几条以外，还应设置防静电装置，附近应配备灭火器材和防毒用具，另外，使用人员应经过严格培训。

6.2.3 高压釜

高压釜是指在高压下操作的一种反应器。根据工艺要求，有带搅拌器和不带搅拌器两种高压釜，前者结构同搅拌设备。其结构特点：釜体为高压筒体，壳体较厚，为了耐高温和耐腐蚀，常用不锈钢制造，也有用碳钢或低合金钢作为外壳材料的，不锈钢为内层材料，可直接用复合板或用衬里制成；釜体一般不开孔，接管、接口及附件均设在釜盖上；釜顶装有安全泄压装置，如安全阀、爆破片或两者的组合装置等。

高压釜由反应容器、搅拌器及传动系统、冷却装置、安全装置、加热炉等组成(图6-13)。

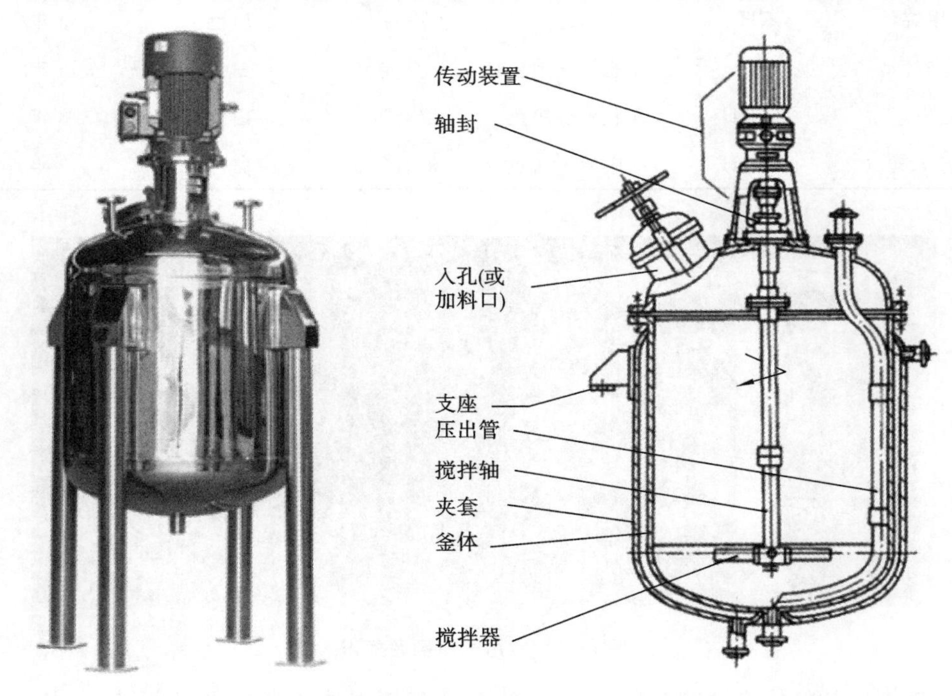

图6-13　高压釜的外观和结构示意图

高压釜的
安全使用

(1) 釜体、釜盖一般采用不锈钢加工制成，釜体通过螺纹与法兰连接，釜盖为正体平板盖，两者由周向均布的主螺栓、螺母紧固连接。

(2) 高压釜主密封口采用A形双线密封，其余密封点均采用圆弧面与平面、圆弧面与圆弧面的线接触密封形式，主要依靠接触面的高精度和光洁度，以达到良好的密封效果。

(3) 釜盖上装有压力表、爆破膜安全装置、温度压力传感器等，便于随时了解釜内的反应情况，并确保安全运行。

(4) 联轴器主要由具有很强磁力的一对内、外磁环组成，中间有承压隔套；搅拌器由伺服电机通过联轴器驱动，控制伺服电机的转速，便可达到控制搅拌转速的目的。

(5) 磁联轴器与釜盖间装有冷却水套，当操作温度较高时应通冷却水，以防磁钢温度过高而消磁。

高压釜操作人员除需了解高压釜结构和工作原理外，还需了解高压釜存在的危险性和安全操作注意事项：氢化高压釜不耐强酸，反应液禁用盐酸、硫酸、硝酸等强酸；高压釜附近禁止有产生火花的作业，禁止穿钉子鞋操作。高压釜安全操作流程如图 6-14 所示。

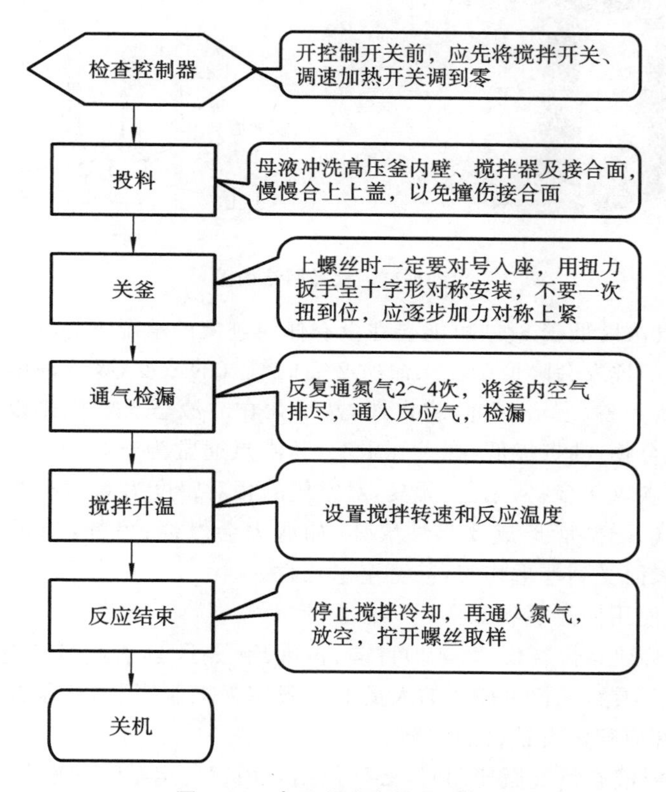

图 6-14 高压釜安全操作流程

6.2.4 杜瓦瓶

杜瓦瓶(Dewars)是储存液态气体，低温研究和保护晶体元件的一种较理想的容器和工具(图 6-15)。古罗马时期人们就已经知道，双层容器能保暖。现代的杜瓦瓶是苏格兰物理化学家詹姆斯杜瓦爵士发明的。他于 1906 年发明了储存液态氧的金属杜瓦瓶。储存在杜瓦瓶中时，液态氧每天蒸发率大约是 0.1%，液态氢每天蒸发率大约是 0.8%。

充满氧气的杜瓦瓶可能会导致周围的易燃物剧烈燃烧并发生爆炸(通常氧气聚集量超过 23%即表明周围充满氧气)。因此，在装有氧气的杜瓦瓶周围，要清除所有有机物和其他可燃物，避免其与氧气接触。尤其是不能使油脂类、煤油、布、木材、油漆、沥青、煤、灰尘或可能粘有油脂类的污垢等接触到氧气，不允许在任何储存、输送或使用氧气的区域内吸烟或使用明火。当氧气含量低于 19%时，要禁止人员进入，否则要戴上随身携带

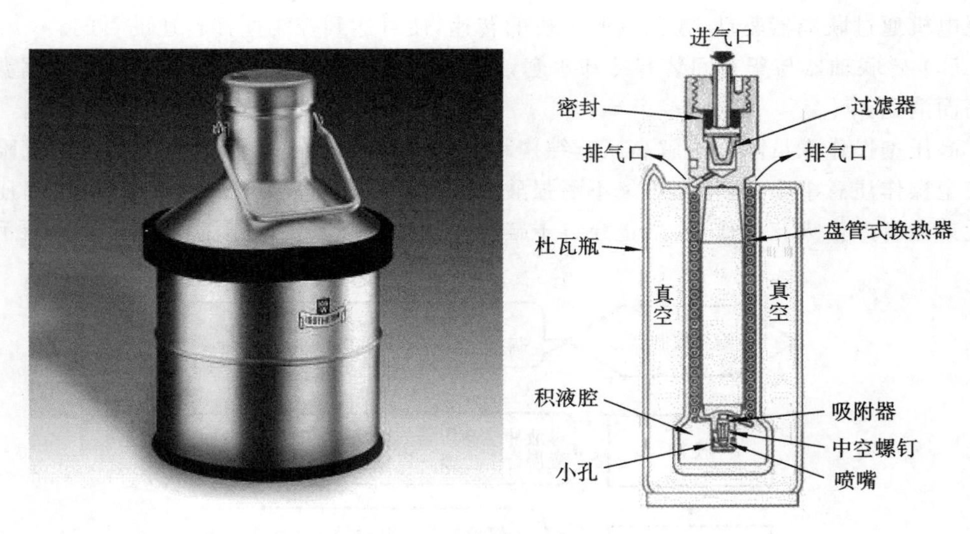

图 6-15　杜瓦瓶结构图

的呼吸器；如氧气浓度低于8%，可能会在没有任何迹象的情况下导致昏迷和死亡。

液氮和液氩的挥发会降低维持生命所必需的氧气的浓度，吸入高浓度的这类气体会出现缺氧症，导致头昏、恶心、呕吐或昏迷，甚至死亡。液态天然气是以甲烷(CH_4)为主要成分的烃类混合物，沸点极低，在大气压下，其沸点通常为－166～－157 ℃，为易燃介质。甲烷是一种碳氢化合物，无色、无臭，对空气的相对密度为0.554，如有泄漏则向上漂移，与空气或氧气混合，能形成爆鸣性气体，如遇火会燃烧；另外，如果大量吸入这种气体，会使人因缺氧而受到严重伤害，甚至窒息死亡。

杜瓦瓶安全使用注意事项如下。

(1) 操作时必须穿长衣长裤，戴护目镜、脸罩、绝热手套，否则可能造成冷灼伤。

(2) 进行液态天然气相关操作的人员的衣服应为棉制服装，严禁穿戴可能引起静电的化纤衣物，脚部应穿没有铁钉的皮鞋。

(3) 作为低温液态氧气瓶使用时，必须使用与用氧规定配套的设备与附件，而且上述设备和附件必须达到用氧规定的要求。

(4) 立式瓶在任何条件下都必须保证垂直放置，卧式瓶在任何条件下都必须保证水平放置，任何压迫、跌落和翻倒等都可能对气瓶造成致命损伤。

(5) 充装或使用过程中，应防止低温液体飞溅或溢出，操作时应有防冻措施。

(6) 作业场合应具有较好的通风条件，空气中氧气的含量应高于18%(体积浓度)，不得在地下室或低凹处等通风条件差的场所使用液氮。

(7) 阀门应缓慢用手翻开，不得用扳手等强行翻开；如阀门等设备冻结，可用热水等合适方法进行解冻，不得运用明火，也不得用锤子等东西进行敲击；严禁带压修理或紧固杜瓦瓶上的任何部位。

6.2.5　高压灭菌锅

高压灭菌锅又名高压蒸汽灭菌锅，分为手提式高压灭菌锅和立式高压灭菌锅。高压灭菌锅可利用电热丝加热水产生蒸汽，并能维持一定的压力。高压灭菌锅主要由一个可以密封的桶体、压力表、排气阀、安全阀、电热丝等组成(图 6-16)。实验室给所需物品灭菌，可采取高压蒸汽作用一段时间，利用高压使细菌失活，从而杀灭物品中的微生物。灭菌用水应用蒸馏水、纯水或去离子水，不能使用超纯水，须勤换水。高压灭菌锅只能对耐高压、耐高温、耐湿的物品进行灭菌，不能对强酸、强碱、盐水、易燃、易爆、易氧化的物质灭菌。

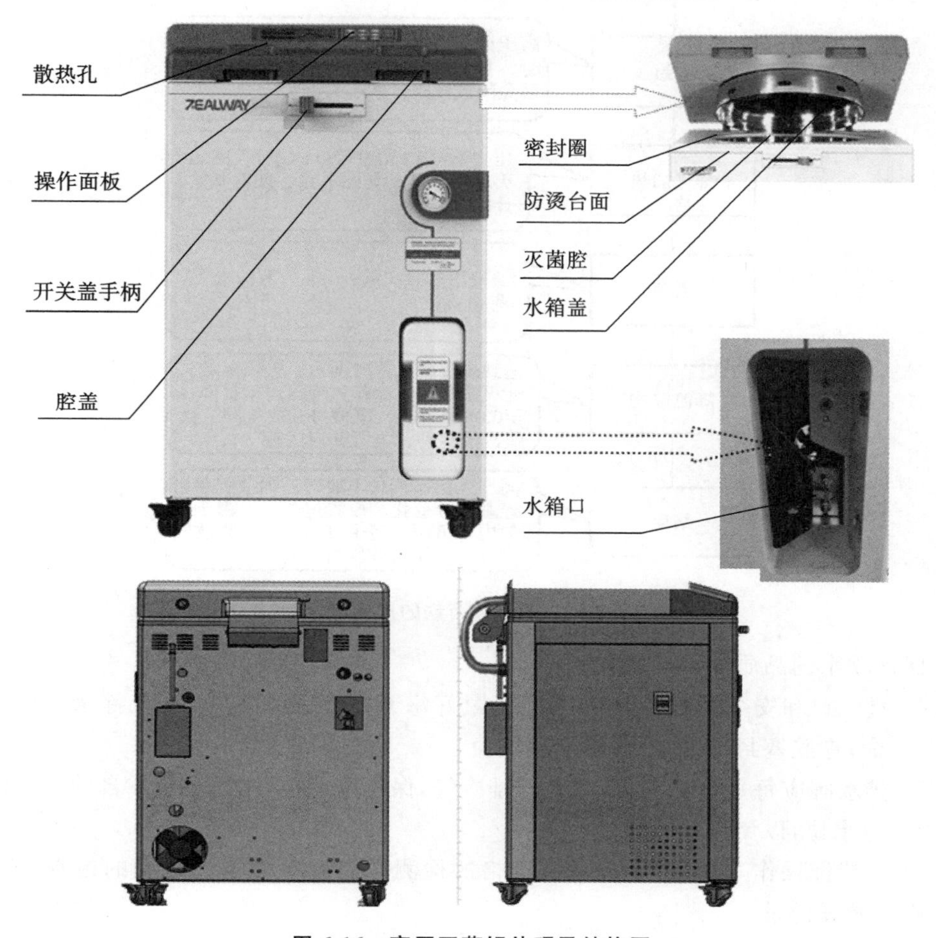

图 6-16　高压灭菌锅外观及结构图

高压灭菌锅属于压力容器的一种，是实验室中常用且极具危险性的特种设备。其承担着实验室中大多数物品的灭菌工作，一旦出现安全事故，它超强的爆炸力将导致恶性的链锁式反应。高压灭菌锅的操作流程如图 6-17 所示，其使用注意事项如下。

高压灭菌锅的使用

(1) 灭菌完毕后须等到压力表指示为“0”时再打开上盖，当灭菌室存在压力时，不能提起连锁手柄，不可强制开门。

(2) 对液体灭菌时，不可快速泄压，待液体温度降到 70 ℃以下时，才能开门，禁止灭菌后立即开门；液体罐装在硬质的耐热玻璃瓶中，以不超过体积的 3/4 为好，平口选用棉花纱布塞。

(3) 探头、水位计要定期清洗，定期对仓体内壁进行维护，防止生锈；软水机应定期加

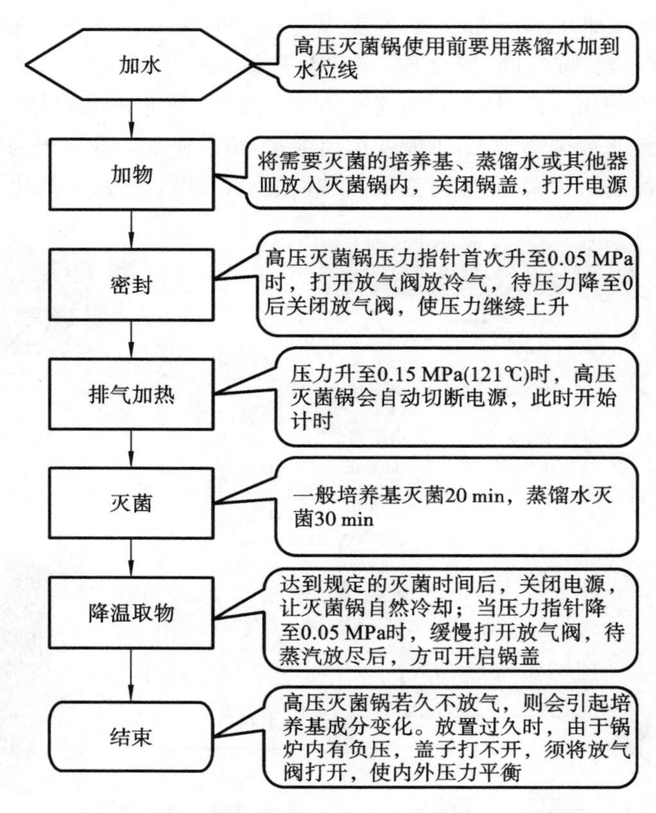

图 6-17　高压灭菌锅的操作流程

盐，以保证软水的品质和供给。

(4) 进气口和安全阀出气孔不可堵塞，最好每天使用完毕后在胶条上涂滑石粉，以延长胶条寿命；橡胶塞封垫易老化，应定期更换。

(5) 排水阀应每月清洗一次，以利于排冷气，保持温度；不能完全依靠自动水位保护，应经常注意水位，以免烧坏电热管。

(6) 应持证操作，同时每年应请有资格的检测部门做一次全面系统的检查，定期校验、检修并做好记录。

6.2.6　水热合成反应釜

水热合成反应釜又称为高压消解罐、溶样器、压力溶弹、消化罐、聚四氟乙烯高压罐，它利用罐体内强酸或强碱且高温高压密闭的环境来达到快速消解难溶物质的目的。水热与溶剂热合成是指在一定温度(100～1000 ℃)和压力(1～100 MPa)条件下利用溶液中物质化学反应所进行的合成，侧重于研究水热条件下物质的反应性、合成规律及产物的结构与性质。水热合成反应需高温高压，因此需特别注重水热合成反应釜的使用操作流程，避免错误操作引发的实验事故(图 6-18)。

(1) 清洁釜：对于水热合成反应釜内的固体污垢，可先用水清洗，再用去污粉刷洗，然后用酒精、丙酮刷洗，直至去除有机污渍，最后吹干或烘干，置于干燥箱保存。

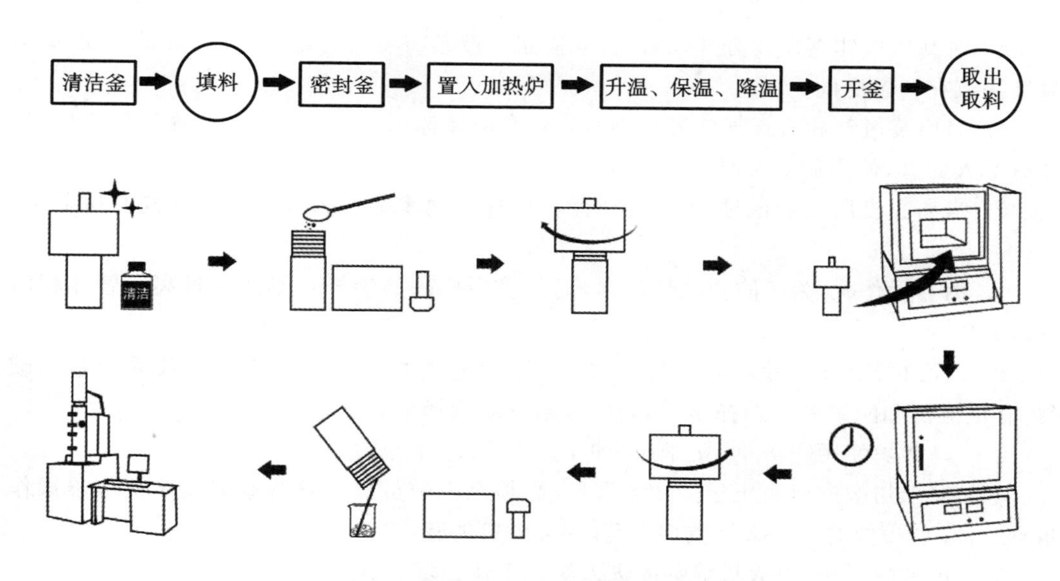

图 6-18　水热合成反应釜的使用操作流程图

（2）填料：根据计算好的溶剂和反应物的用量，检查填充度以确保在安全范围内。

（3）密封釜：手动预拧紧水热合成反应釜，将预拧紧的水热反应釜放入台钳中夹紧，然后水平套在釜盖中间，均匀缓慢并保持水平地顺时针旋转釜盖至拧不动为止（切勿用力过猛，要均匀用力，拧一段停一下，避免损伤螺纹）；每次使用时，应对螺纹涂抹适量的石墨粉，确保润滑并保证高压釜在高温工作状态时不发生“粘牙”现象，避免引发螺纹损伤或开釜困难。

（4）升温、保温、降温：将水热合成反应釜小心放入加温设备的一个确定位置，记下位置并关好炉门；设定升温速率、保温时间、降温速率（升降温速率应不大于 5 ℃/min）；保温完成后，降温至室温即可打开炉门取出。

（5）开釜：取出水热合成反应釜，放入台钳夹紧，拧开时需注意先泄压再打开，然后水平套在釜盖中间，均匀缓慢并保持水平地逆时针旋转釜盖，略微松开，完全排除釜内压力，重复旋盖泄压，直至确保完全泄压，手动拧开釜盖。

（6）取出物料：双手平稳捧紧釜体，以合适速度倾倒釜内物料，或者用吸管等吸出物料转移至烧杯等其他容器内，再清洗水热合成反应釜，烘干保存。

习题

习题答案

一、判断题

1. 气瓶附近不能有还原性有机物，如有油污的棉纱、棉布等，不要用塑料布、油毡盖之，以免爆炸。（　　）

2. 开启气瓶瓶阀时，操作者应该站在气瓶正面。（　　）

3. 易燃、易爆气体和助燃气体（氧气等）的钢瓶不得混放在一起，并应远离热源和火源，保持通风。（　　）

4. 高压钢质氢气瓶外部涂色为绿色。（　　）

5. 对高压气体钢瓶要分开保管，直立固定。严禁将氯气与氨气，氢气与氧气，乙炔与氧气混放在一个房间。（ ）

6. 对盛装氢气和有毒气体等的钢瓶应贴有明显标识，放在远离火源，靠近门口处，均须有专人保管，使用后要及时登记备查。（ ）

7. 当离心机用完停止时，不用等待操作面板上速率显示为零就可打开离心机盖子。（ ）

8. 离心操作时，为了防止液体溢出，离心管中样品的装样量不能超过离心管体积的一半。（ ）

9. 离心机使用时，针对离心液体的性质选择适宜的离心管。为避免玻璃套管的破裂，有机溶剂和酶溶液应选择塑料套管，盐溶液应选择金属套管。（ ）

10. 马弗炉使用完毕，可立即打开炉门，使其快速降温。（ ）

11. 对于初次进行高压釜操作的人员，必须至少一员已经熟练掌握高压反应釜操作步骤，且在场操作的人员必须戴棉手套，穿无铁钉的鞋。（ ）

12. 可携带手机、打火机等物品进入氢化工作区域。（ ）

13. 高压釜式反应器、搅拌器轴承可以重复使用。（ ）

14. 高压灭菌锅待灭菌的物品应整齐紧凑摆放。（ ）

15. 微波反应器中任何化学反应都不允许放在敞口容器中进行。（ ）

二、选择题

1. 使用离心机时下列哪种操作是错误的？（ ）

A. 离心机必须盖紧盖子　　B. 不需要考虑离心管的对角平衡

C. 液体不能超过离心管 2/3　　D. 每次使用后要清洁离心机腔

2. 在气瓶运输过程中，下列哪项操作不正确？（ ）

A. 装运气瓶过程中，横向放置时，头部朝向一方

B. 车上备有灭火器材

C. 同车装载不同性质的气瓶，并尽量多装

3. 下列测定需要马弗炉的是（ ）。

A. 面粉中水分的测定　　B. 果汁中可溶性固形物的测定

C. 果乳饮料中固形物的测定　　D. 面粉中灰分的测定

4. 压力容器上的压力表的检验周期为至少多久一次？（ ）

A. 半年　　B. 一年　　C. 二年

5. 压力表刻度盘上刻有的红线表示什么？（ ）

A. 最低工作压力　　B. 最高工作压力　　C. 中间工作压力

6. 下列规程中，哪一项不属于马弗炉的日常维护保养操作？（ ）

A. 定期检查和清扫马弗炉炉膛　　B. 定期检查马弗炉炉膛内瓷板的完好性

C. 定期检查校验温度计　　D. 定期清扫炉体外的浮尘

7. 使用电热恒温水浴锅时，水位应在（ ）。

A. 低于电热管处

B. 不低于电热管，不超过水浴锅的容量 2/3 处

C. 将水浴锅注满

D. 超过水浴锅的容量2/3处

8. 电热板指示灯不亮，但电热板升温，其故障出现的可能原因是(　　)。

A. 电热丝烧断　　B. 灯泡损坏　　C. 电热丝老化　　D. 电源接触不良

9. 关于干燥箱的说法错误的是(　　)。

A. 干燥箱应安装在干燥和水平处，防止振动和腐蚀

B. 放入样品时应注意排列不能太密

C. 散热板上不能存放样品

D. 要频繁地打开箱门观察样品烘干情况

10. 高压灭菌锅的灭菌温度一般是(　　)。

A. 80 ℃　　B. 100 ℃　　C. 121 ℃　　D. 160 ℃

11. 下列关于高压灭菌锅说法正确的是(　　)。

A. 高压灭菌锅可用于培养基、生理盐水、采样器械的灭菌

B. 灭菌的物品在锅内不能放太多，以免影响蒸汽流通，降低灭菌效果

C. 加热时先打开排气阀，排出蒸汽5 min后，再关闭排气阀

D. 灭菌完毕，打开排气阀放气，等温度下降后再开盖

第7章　分析仪器安全操作规程

7.1　傅里叶红外光谱仪

1. 基本原理

红外光谱又称为振动转动光谱，是一种分子吸收光谱。当分子受到红外光的辐射时，产生振动能级（同时伴随转动能级）的跃迁，在振动（转动）时有偶极矩改变者会吸收红外光子，形成红外光谱。用红外光谱法可进行物质的定性和定量分析（以定性分析为主），根据分子的特征吸收可以鉴定化合物的分子结构。

固体样品压片的规范操作

KBr盐片制样的规范操作

KRS-5盐片制样的规范操作

傅里叶变换红外光谱仪（Fourier transform infrared spectrophotometer，简称FTIR）和其他类型红外光谱仪一样，都是用来获得待测样品的红外光谱，但测定原理有所不同。在色散型红外光谱仪中，光源发出的光先照射到样品而后再经分光器（光栅或棱镜）分成单色光，由检测器检测后获得吸收光谱。但在傅里叶变换红外光谱仪中，首先是将光源发出的光经迈克尔逊干涉仪变成干涉光，再让干涉光照射到样品，经检测器获得干涉图，最后由计算机将干涉图进行傅里叶变换而得到吸收光谱。

2. 安全操作规程

（1）适时更换样品室及仪器内的干燥剂变色硅胶，如果硅胶已变为粉红色，则必须置于干燥箱中100～120 ℃，烘1～2 h，使其变为蓝色，才可重复使用。

（2）测试样品前需确保样品室内无样品，仪器开机后需预热10～30 min。

（3）根据样品特性及状态，选择相应的方法进行制样。

①固体样品：一般取1～2 mg样品，加100～200 mg分析纯的溴化钾（经红外灯或烘箱充分干燥后置于干燥器中保存备用），于玛瑙研钵中研磨使其平均颗粒尺寸为2 μm左右即可。用固体样品压片模具在压片机上用小于200 kgf/cm^2 的压力压制，保持1 min左右，得到均匀的透明或半透明锭片（图7-1）。

②液体样品：用滴管取少量样品（不能含水）均匀涂在一块KBr盐片上，低沸点样品需用两块KBr盐片夹着，放于液体模具两个橡胶垫片之间，然后用螺丝沿对角轻轻旋转，不必旋得太紧，以免盐片断裂（图7-2）。

液体池如果需要使用KRS-5盐片（可做含水样品）时，一定要注意KRS-5盐片有毒，必须佩戴手套进行操作，避免直接接触。

（4）测试完毕，需尽快将样品从样品室内取出，固体样品如果有毒必须回收处理；液体样品如果气味较大，必须在通风橱中进行制样和后续处理。

（5）将压片模具、KBr盐片、液体池及其窗片用无水乙醇清洗干净，烘干后置于干燥

图 7-1　固体样品压片模具及规范制样

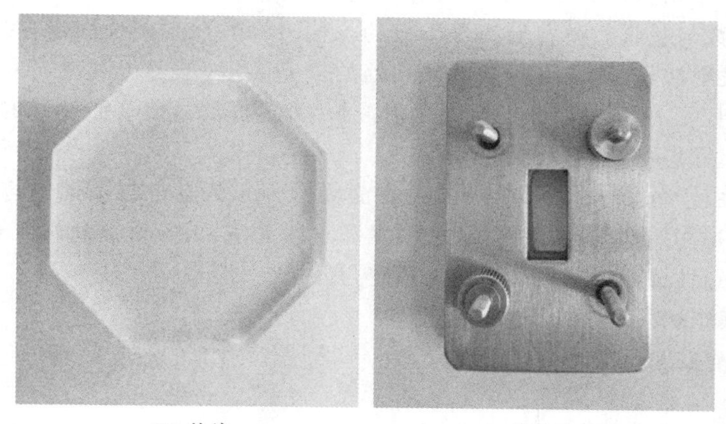

KBr盐片　　液体池

图 7-2　KBr 盐片和液体池

器内备用。

（6）数据处理完毕后，依次关闭电脑和仪器，将台面清理干净，台面不能有水，保持除湿机和空调于工作状态，以保证房间恒温干燥。

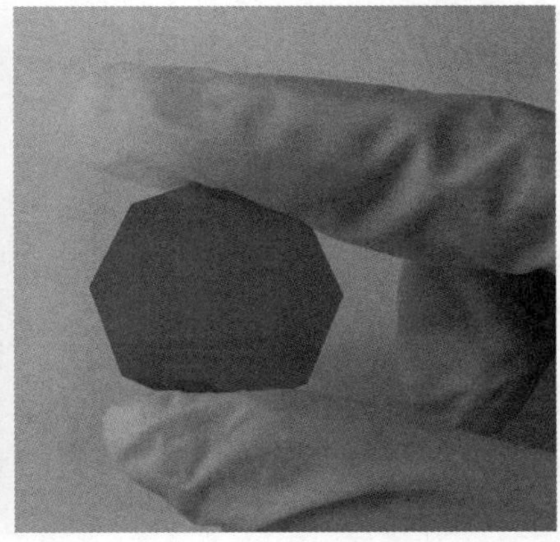

图 7-3　KRS-5 盐片及其安全操作

7.2　荧光分光光度计

1. 基本原理

通常状况下处于基态的荧光物质分子吸收激发光后变为激发态，而这些处于激发态的分子不稳定，在返回基态的过程中将一部分能量又以光的形式放出，从而产生荧光。产生荧光的第一个必要条件是该物质的分子必须具有能吸收激发光的结构，通常是共轭双键结构；第二个条件是该分子必须具有一定程度的荧光效率，即荧光物质吸光后所发射的荧光量子数与吸收的激发光的量子数的比值。将激发光波长固定在最大激发波长处，然后扫描发射波长，测定不同发射波长处的荧光强度，即可得到荧光发射光谱，其形状与激发光波长无关；选择荧光的最大发射波长为测量波长，改变激发光的波长，测量荧光强度的变化，即可得到荧光激发光谱。

不同物质由于分子结构不同，其激发态能级的分布具有各自不同的特征，在荧光上的表现即为各种物质都具有其特征荧光激发和发射光谱，因此可以利用荧光激发和发射光谱的不同来定性或定量地进行物质的鉴定与分析。

2. 安全操作规程

(1) 测试前需确保样品室内无样品，为了得到稳定可靠的数据，一般需要开机预热氙灯 10～30 min。

石英比色皿的规范操作

(2) 液体样品的浓度一般为毫克每升，建议至少配制 5 mL。样品须盛放在四面透光的石英比色皿(荧光池)中，测试时须保证样品量占比色皿容积的 2/3 左右，且尽量避免气泡的产生。如果是挥发性样品，则应使用具塞石英比色皿(图 7-4)。

(3) 测试时应手持石英比色皿对角棱边，用擦镜纸或丝绸吸干比色皿外壁残留的样品溶液后方可放入样品池支架中，以保持样品室的洁净(图 7-5)。

(4) 主机工作时，顶部排热器温度很高，切忌触摸，以免烫伤。

(5) 测试结束后，应将样品从比色皿中及时倒出，并用乙醇或者相应的溶剂将比色皿

石英比色皿

具塞石英比色皿

图 7-4　石英比色皿和具塞石英比色皿

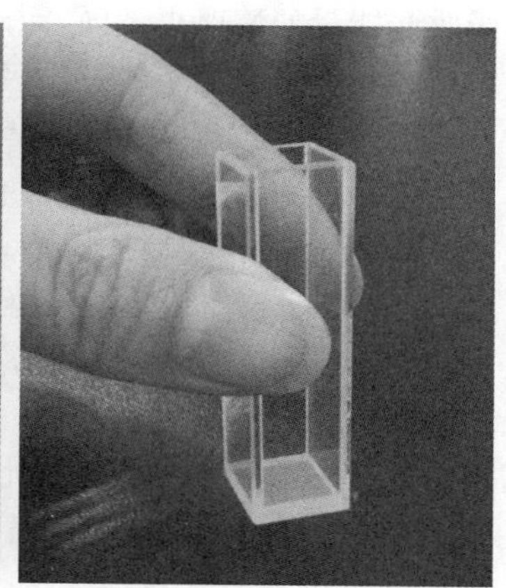

图 7-5　石英比色皿的规范操作

清洗干净，吹干备用，如果样品有毒，须做相应的回收处理。

（6）测试完毕后，第一时间关闭氙灯，为了延长氙灯的寿命，须等氙灯冷却后（大约 30 min），再依次关闭电脑和仪器电源，最后将台面清理干净（图 7-6）。

图 7-6　氙灯和仪器电源开关示意图

7.3　紫外-可见分光光度计

1. 基本原理

紫外-可见分光光度计（ultraviolet-visible spectrophotometer）是基于紫外-可见分光光度法原理，利用物质分子对紫外-可见光区的辐射产生吸收来进行分析的一种仪器。分子的紫外-可见吸收光谱是由于分子中的某些基团吸收了紫外可见辐射光后，发生了电子能级跃迁而产生的吸收光谱。由于各种物质具有各自不同的分子、原子及空间结构，其吸收光能量的情况也不同,因此每种物质就表现出其特有的、固定的吸收光谱,进而可以根据吸收光谱上的某些特征吸收峰及其吸光度的强弱对试样进行定性和定量分析。紫外-可见吸收光谱通常用于在紫外-可见光范围内有吸收的有机物的鉴定及结构分析,此外还可用于酶活性检测、无机化合物分析、光学材料特性测定等领域。

2. 安全操作规程

(1) 置于仪器内部的干燥剂需在测试开始前取出,测试结束后需放回原处。

(2) 测试前需确保样品室内无样品,为了得到稳定可靠的数据,仪器开机后需预热10~30 min。

(3) 仪器自检时必须等所有指示灯变为绿灯,方可进行下一步操作。

(4) 为延长光源的使用寿命,应尽量减少仪器的开关次数,两次测试的间隔时间低于30 min时可不关机,刚关闭的仪器不能立即重启,至少需等待5 min以上方可重启。

(5) 液体样品浓度一般为毫克每升,建议至少配制5 mL。测试时,样品量应占比色皿(两面透光)容量的2/3左右,且尽量避免气泡产生。手持比色皿的毛玻璃面,可用擦镜纸或丝绸擦拭光学面的残液,严禁将比色皿的光学面与手指、硬物或脏物接触(图7-7)。

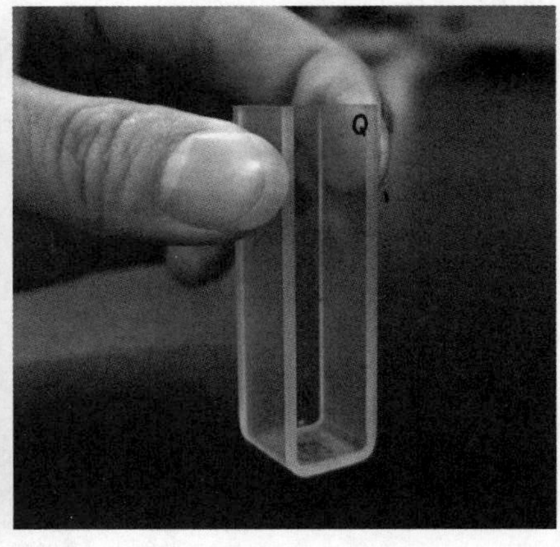

图7-7　两面透光比色皿及其规范操作

两面透光比色皿的规范操作

(6) 测试结束后,应及时倒出比色皿中的样品,如样品有毒,还须做好相应的回收处理。比色皿需用相应溶剂或乙醇清洗干净并烘干备用。比色皿不得在火焰或电炉上进行加热或烘烤,也不能用超声清洗,如被有色物质污染,可用3 mol/L的盐酸或乙醇进行清洗。

(7) 测试完毕后,依次关闭电脑和仪器,并清理实验台面。

7.4　高分辨率电喷雾离子源飞行时间质谱仪

1. 基本原理

质谱法(mass spectrometry,MS)是通过将样品转化为运动的气态离子并按质荷比

(m/z)大小进行分离记录的分析方法，所得结果即为质谱图。根据质谱图提供的信息，可以进行多种有机物及无机物的定性和定量分析、复杂化合物的结构分析、样品中各种同位素比的测定、固体表面结构和组成分析等。

飞行时间质谱仪(time of flight mass spectrometer，TOF-MS)具有微秒级快速检测速率、高离子传输率、高灵敏度、高精度以及理论上无质量检测上限等优点。电喷雾离子源(electrospray ionization，ESI)作为一种软电离技术，可使待测样品分子以准分子离子形式被检测而无碎片离子峰。随着近年来 TOF-MS 的分辨率有了进一步发展(优于 10^4)，高分辨率电喷雾离子源飞行时间质谱仪(high resolution ESI-TOF-MS)成为重要的质谱仪之一，目前已广泛应用于生物、医药、材料等领域的研究。

2. 安全操作规程

(1) 定期检查机械泵泵油的液位是否在窗口的 1/2～2/3 之间(图 7-8)。

(2) 日常保持仪器电源开关始终处于“打开”状态(图 7-9)。

(3) 为减少仪器吸入空气中的灰尘而造成污染，液氮罐氮气阀应始终打开，并控制输出压力为 0.4 MPa 左右，测试结束后关闭液氮罐增压阀。

(4) 为保护仪器中的橡胶密封圈，严禁使用强腐蚀性有机溶剂(如丙酮、二氯甲烷等)，若确实需要溶解样品，则测试时需用甲醇、乙腈、水或氯仿四种溶剂进行稀释。

(5) 待测样品中严禁含有高浓度(10 mg/L 以上)、非挥发性无机盐以及较高浓度磁性金属离子，否则易造成玻璃毛细管及仪器其他部分的不可逆损坏。

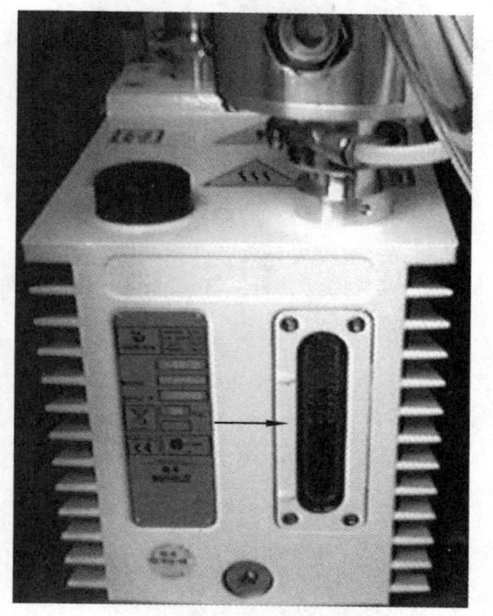

图 7-8 机械泵泵油的液位示意图

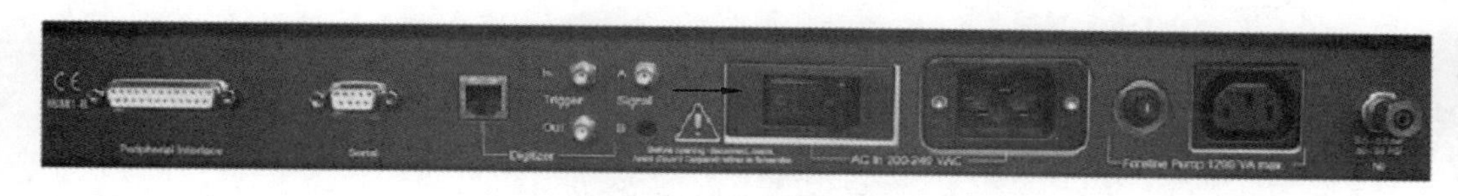

图 7-9 仪器电源开关示意图

ESI-TOF-MS的规范制样

ESI-TOF-MS进样的规范操作

(6) 待测样品溶液的浓度不宜过高，控制在 10～50 mg/L 即可，以降低仪器污染及清洗困难，进样前应用微孔滤膜过滤，以防堵塞喷雾针。

(7) 为减少对仪器的污染，单质谱进样数据采集时间应控制在 0.5 min 以内。

(8) 测试前后需用对应的样品溶剂对进样管道进行润洗和清洗，以彻底清除管道中残留的样品，避免对后续样品产生干扰信号。

(9) 由于测试所用的溶剂大部分都有不同程度毒性，ESI-TOF-MS 测试人员须全程佩戴防护口罩和橡胶手套。

(10) 测试结束后必须将仪器切换至“Standby”状态,同时将“Source”中的“Dry gas”设置为 2.0 L/min,不可关闭操作软件中的任何模块。

(11) 定期清洗离子源及喷雾盾(图 7-10)。

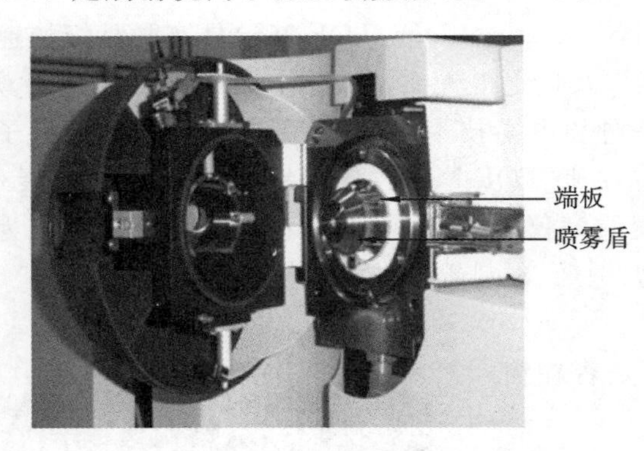

图 7-10　离子源及喷雾盾的清洗

(12) 有机废液必须倒入有机试剂废液桶,集中处理。

7.5　电感耦合等离子体发射光谱仪

1. 基本原理

电感耦合等离子体发射光谱仪(inductively coupled plasma optical emission spectrometry,简称 ICP-OES),是指以电感耦合等离子体作为激发光源,根据处于激发态待测元素原子回到基态时发射的特征谱线对待测元素进行分析的仪器。待测元素原子的能级结构不同,其发射谱线的特征不同,据此可对样品进行定性分析;而待测元素原子的浓度不同,其发射谱线的强度不同,可实现元素的定量测定。ICP-OES 可同时测定周期表中多数元素(金属元素及磷、硅、砷、硼等非金属元素),且均有较好的检出限。

2. 安全操作规程

(1) 仪器开机后必须预热 3 h 以上。

(2) 测试样品前须通高纯氩气(0.6 MPa)1 h 以上,保证检测器室内完全被氩气充满,以防空气中的水蒸气在检测器上结冰造成检测器损坏。

进样泵夹及进样管松开规范操作

(3) 等离子体点火后,需用 2%的硝酸水溶液进行仪器自检,测试结束后,需用 2%的硝酸水溶液和纯水各清洗 10 min。

(4) 测试结束后务必将进样泵夹及进样管松开,以延长进样管使用寿命(图 7-11)。

(5) 测试结束关闭循环冷凝水后必须继续通氩气 0.5 h 以上,以保护检测器。

(6) 测试结束后,产生的废液必须倒入专用的无机废液桶密封保存,集中处理。

(7) 定期清洗循环水过滤器及氩气过滤器(图 7-12)。

(8) 待测样品必须经微孔滤膜过滤,否则易堵塞喷雾器。

(9) 测试过程中,测试人员须全程佩戴橡胶手套及防护口罩。

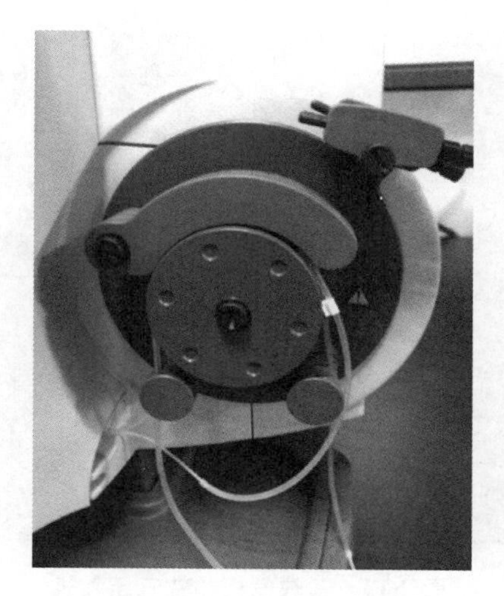

图 7-11 进样泵夹及进样管

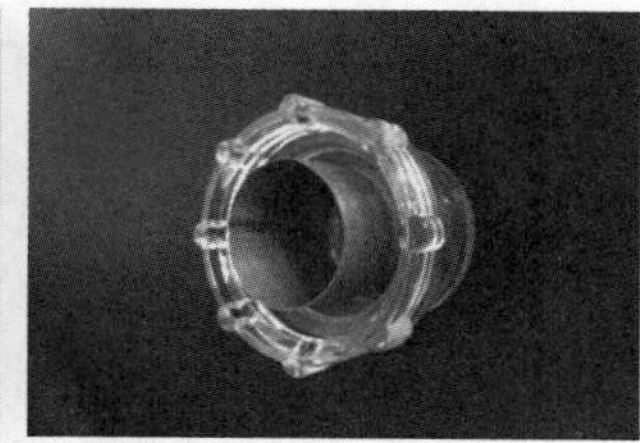

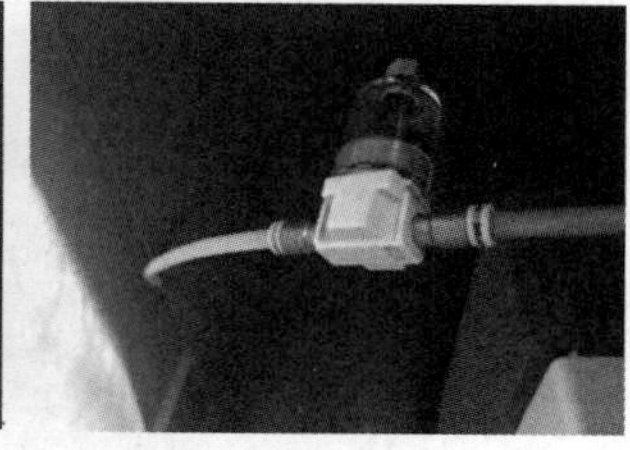

图 7-12 循环水过滤器和氩气过滤器

7.6 原子吸收分光光度计

1. 基本原理

原子吸收光谱法(atomic absorption spectroscopy,AAS),又称原子分光光度法,是基于待测元素的基态原子蒸气对其特征谱线的吸收,由特征谱线的特征性和谱线被减弱的程度对待测元素进行定性定量分析的一种仪器分析方法。

当辐射投射到原子蒸气上时,如果辐射波长相应的能量等于原子中外层电子由基态跃迁到激发态所需要的能量,则会引起原子对辐射的选择性共振吸收,从而产生吸收光谱。原子吸收光谱根据朗伯-比尔定律来确定样品中待测元素的含量,其特征谱线因吸收而减弱的程度,即为吸光度 A。吸光度在线性范围内与被测元素的含量成正比。

原子吸收光谱规范制样

2. 安全操作规程

(1) 含有机物的样品需要消解,所有样品需经微孔滤膜过滤。

(2) 本仪器只配备了乙炔和空气燃烧头(图 7-13)。

(3) 乙炔气瓶的余气应大于 0.5 MPa,压力小于 0.5 MPa 时,需及时更换新气瓶。输出压力大于 0.1 MPa,点火前再打开乙炔气瓶。

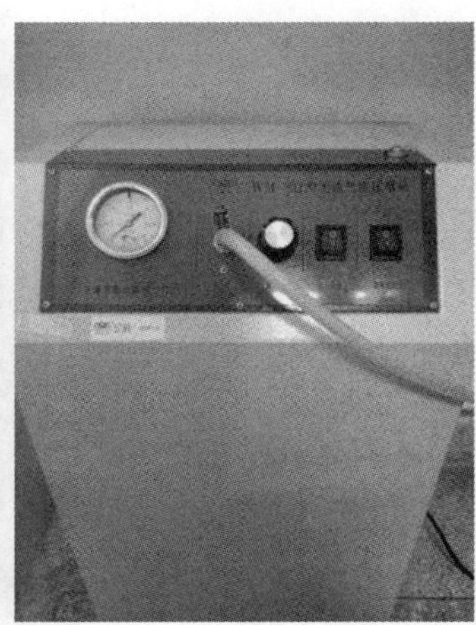

图 7-13 乙炔气柜和空气压缩机

(4) 废液管应位于废液上方,且保持一定距离,有毒/无毒废液需分类收集和处理(图7-14)。

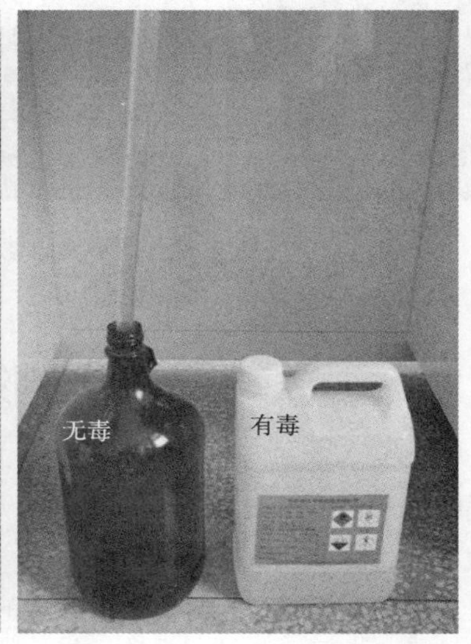

图 7-14 废液的分类收集和处理

(5) 实验结束后,空压机应及时排气,乙炔管路的余气要燃烧完全。

(6) 长时间未开机,燃烧头的水封需要及时补充水。

7.7 高效液相色谱仪

1. 基本原理

高效液相色谱法(high performance liquid chromatography,HPLC)又称“高压液相

色谱”“高速液相色谱”“高分离度液相色谱”等。高效液相色谱是色谱法的一个重要分支,它以液体为流动相,采用高压输液系统,将具有不同极性的单一溶剂或不同比例的混合溶剂、缓冲液等流动相泵入装有固定相的色谱柱,在柱内各成分被分离后,进入检测器进行检测,从而实现对试样的分析。

2. 安全操作规程

HPLC流动相前处理规范操作

HPLC排气规范操作

(1) 流动相准备:所有溶剂,包括水,均为色谱纯,使用前必须过滤和超声脱气,同时待测样品也应过滤处理。

(2) 过滤流动相和样品的滤膜有水相和有机相之分,应加以区分。

(3) 开泵之前,打开 purge 阀,将流速设置为 0。

(4) 旁路冲洗异丙醇(10%):先用 10 mL 专用注射器从出口抽液,除去管路中可能存在的气泡,设定的异丙醇滴液速率为每 3 s 一滴。

(5) 分析样品之前应设定柱压力上限,超过压力时,泵自动停止,以保护色谱柱。一般长度为 25 cm 的 C18 色谱柱压力上限设为 40 MPa。

(6) 如果测试中使用了含盐流动相,测试结束后,必须依次使用大量水及纯有机物冲洗色谱柱。

(7) 色谱柱长期不用时,柱中的水需要用有机物置换后以保存色谱柱。

(8) 有机废液应及时倒入废液桶,集中处理。

7.8 气相色谱仪

1. 基本原理

气相色谱法(gas chromatography,GC)是一种利用气体作为流动相的色谱分离分析方法。汽化的试样被载气(流动相)带入色谱柱中,柱中的固定相与试样中各组分分子作用力不同,导致各组分从色谱柱中流出的时间不同,从而使组分彼此分离。采用适当的鉴别和记录系统,制作标出各组分流出色谱柱的时间和浓度的色谱图。根据图中标明的出峰时间和顺序,可对化合物进行定性分析;根据峰的高低和面积大小,可对化合物进行定量分析。

2. 安全操作规程

(1) 氮气气瓶剩余压力应大于 0.2 MPa,先通氮气,仪器再升温,直到实验结束并降温后才能关闭氮气。

(2) 进样时进样针快进快出,进样后稍作停留再拔出,进样针用毕需及时清洗备用。

GC进样规范操作

(3) 汽化室温度设置:先根据色谱柱的极性设定温度上限,再设定温度,温度设定要确保样品中所有组分可以汽化。

(4) 氢火焰检测器的温度设置应大于 100 ℃,以防止样品在检测器中冷凝。

(5) “三气发生器”和“氢气发生器”:注意观察 KOH 溶液的液位变化,及时补水,定期更换碱液、硅胶、活性炭和分子筛(图 7-15)。

(6) 新色谱柱或长期未使用的色谱柱需老化后再接入检测器。

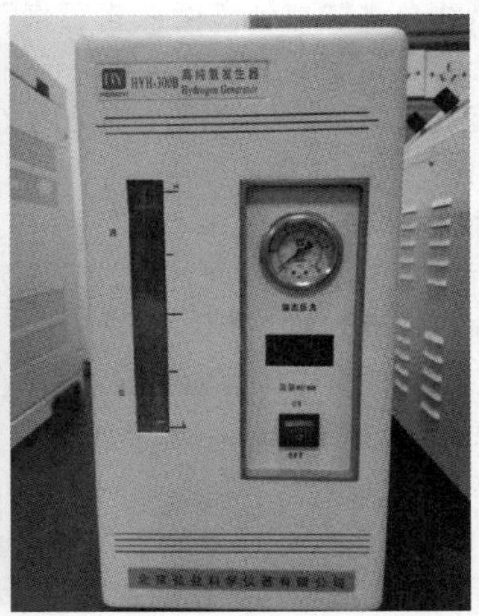

图 7-15 三气发生器和氢气发生器

7.9 核磁共振波谱仪

1. 基本原理

核磁共振波谱法(nuclear magnetic resonance spectroscopy,NMR)是研究特定的原子核在外加磁场中吸收射频辐射从而产生共振吸收现象的波谱学方法。在外加强磁场中,原子核发生能级分裂,当外加射频场的频率与原子核自旋进动的频率相同时,原子核吸收能量,发生核能级的跃迁,即产生核磁共振现象。核磁共振波谱通过化学位移值、谱峰多重性、偶合常数值、谱峰相对强度以及各种二维谱中的相关峰,提供分子中某种特定原子的种类(化学环境差异)、个数(谱峰相对强度若能定量)、连接方式、空间相对取向等结构信息,因此核磁共振波谱法已成为分子结构解析及物质理化性质表征必不可少的常规分析手段,在化学、物理、生物、医药、食品、材料、环境等领域得到广泛的应用。

2. 安全操作规程

(1) 磁体放置区域警示标识:磁体周围区域具有一定强度的磁场(图 7-16)。

(2) 磁体放置区域禁止标识:违反规定会对操作者及磁体造成不可逆伤害(图 7-17)。

①有植入下列之一者严禁进入磁体房间:心脏起搏器、除颤器、助听器、胰岛素泵、药物治疗泵(易受磁场影响);

②体内有金属植入物(如金属关节)或其他金属物质者严禁入内;

③严禁携带机械手表、钥匙、银行卡、信用卡、磁带等物品进入磁体房间;

④严禁在磁体房间内使用金属座椅、铁质扶梯、螺丝刀等金属工具和物品。

(3) 未取得上机操作资格者严禁操作核磁共振波谱仪。

(4) 严禁使用弯曲、破损、尺寸大小不符合要求的核磁管,否则会在探头内断裂,污染甚至损坏探头(图 7-18)。

图 7-16 磁体放置区域警示标识

图 7-17 磁体放置区域禁止标识

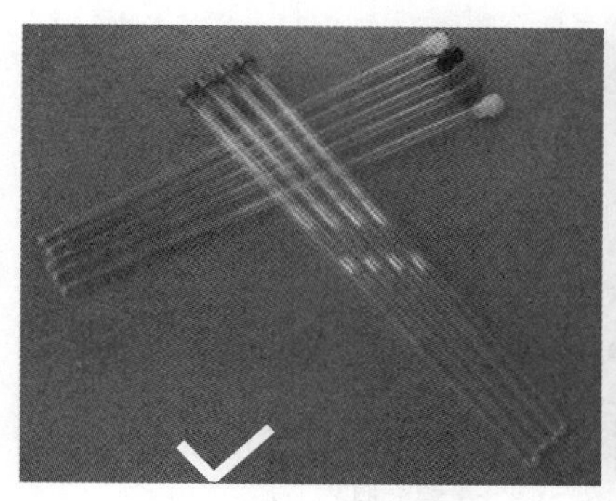

图 7-18 核磁管的使用

(5) 所测样品必须为均一、透明溶液，沉淀、悬浮液和分相溶液会影响仪器性能，无法进行测试(图 7-19)。

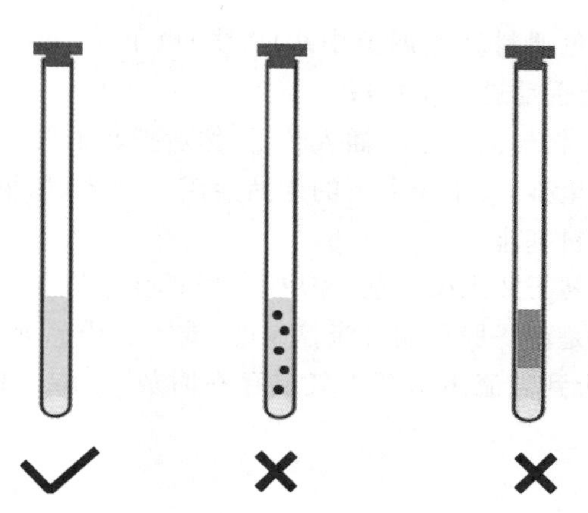

图 7-19 待测样品的配制

(6) 核磁管外壁必须保持干净，防止溶剂或样品污染探头。

(7) 测样前需确保空压机输出压力为 0.5 MPa(图 7-20)。

(8) 样品液面高度应在 4 cm 或 4 cm 以上，否则难以匀场(图 7-21)。

图 7-20　空压机输出压力的控制

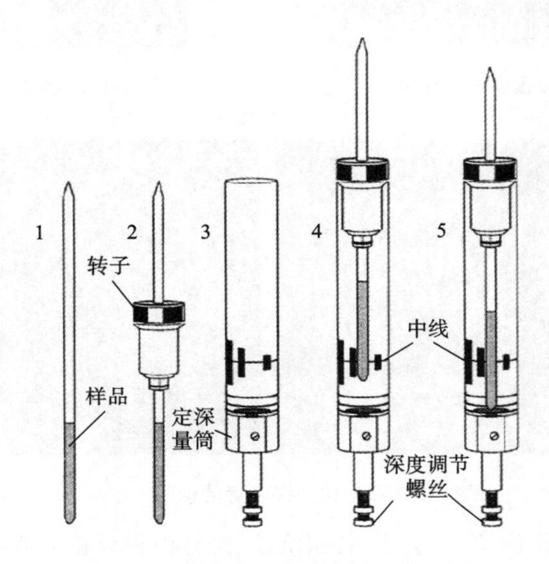

图 7-21　核磁样品进样前的规范操作

①将定深量筒的白色塑料基座调至中线(0 线)以下 18 mm 处(适用于自动进样模式)或 20 mm 处(适用于手动进样模式);

核磁样品进样前规范操作

②拿住样品管上部,将样品管小心插入转子,然后把转子放入定深量筒中;

③轻轻将样品管往里推,使中线上下的样品溶液一样多,如果样品量足够,可将样品管推至刚好接触白色塑料基座;

④在把样品管连同转子放入磁体前,需取下定深量筒;

⑤由于样品的升降是由一股压缩气流控制的,放入新样品前务必确认磁体内无旧样品存在且存在气流(可听到气流声),若无气流存在时放入样品,样品管会自由落体并对探头产生严重损害。

习题答案

习题

一、判断题

1. 测定某样品的荧光光谱时可以选用两面透光的石英比色皿。(　　)

2. 荧光光谱测试结束后,关闭氙灯的同时关闭仪器电源开关。(　　)

3. 进行紫外-可见光谱测定时，液体样品量大约占比色皿容积的2/3。（ ）

4. 操作两面透光的比色皿时，应手持比色皿的毛玻璃面。（ ）

5. 高分辨率电喷雾离子源飞行时间质谱仪测试样品时，待测样品中严禁含有高浓度（10 mg/L以上）、非挥发性无机盐以及较高浓度磁性金属离子。（ ）

6. 为防止堵塞喷雾针，高分辨率电喷雾离子源飞行时间质谱仪待测样品溶液的浓度不宜过高，且进样前应用微孔滤膜过滤。（ ）

7. 电感耦合等离子体发射光谱测定中，为防止空气中的水蒸气在检测器上结冰造成检测器损坏，测试样品前需通高纯度氩气1 h以上，测试结束关闭循环冷凝水后需继续通氩气0.5 h以上。（ ）

8. 原子吸收光谱仪长期未点火测试样品时，燃烧头的水封需要及时补充水。（ ）

9. 高效液相色谱仪测定时，所有溶剂，包括水，均为色谱纯，使用前必须过滤和超声脱气。（ ）

10. 严禁携带机械手表、钥匙、银行卡、信用卡、磁带等物品进入核磁共振波谱仪磁体放置房间。（ ）

11. 严禁使用弯曲、破损、尺寸大小不符合要求的核磁管。（ ）

12. 样品溶液中有部分固体没有溶解，不影响核磁共振波谱的测定。（ ）

二、选择题

1. 下列红外光谱制样方法中，常用于液体样品制备的是（ ）。

A. 液膜法　　B. 压片法　　C. 糊状法　　D. 以上都是

2. 采用KBr压片法制备红外样品时，样品和KBr的浓度比大约为（ ）。

A. 1∶1000　　B. 1∶500　　C. 1∶100　　D. 1∶1

3. [多选]高分辨电喷雾飞行时间质谱仪测定样品时禁止使用的溶剂有（ ）。

A. 甲醇　　B. 丙酮　　C. 乙腈　　D. 二氯甲烷

4. 高效液相色谱仪测定时，一般长度为25 cm的C18色谱柱压力上限设置为（ ）。

A. 10 MPa　　B. 20 MPa　　C. 30 MPa　　D. 40 MPa

5. 氢火焰检测器的温度设置应高于（ ），以防止样品在检测器中冷凝。

A. 70 ℃　　B. 80 ℃　　C. 90 ℃　　D. 100 ℃

6. 配制核磁样品溶液时，应使用（ ）氘代试剂。

A. 0.1 mL　　B. 0.3 mL　　C. 0.5 mL　　D. 2.0 mL

第 8 章　化学实验事故防范与应急处置

在化学实验中，我们经常会接触各种化学品和仪器设备以及水、电、煤气，另外还经常会用到高温、低温、高压、真空或者带有辐射源等的实验条件和仪器。倘若缺乏必要的安全防护及应急知识，可能会造成生命和财产的巨大损失。因此，实验前除做好个人防护准备工作以外，正确使用安全应急设备显得尤为重要。当意外事故发生时，只需要按照标准的应急预案冷静处理，将事故及时控制住，就能保护人员免受由于接触化学辐射、电动设备、人力设备、机械设备引起的严重伤害或疾病，并防止实验室安全事故的进一步扩大和恶化。

8.1　化学实验室应急设备

8.1.1　安全应急设备

在进入化学实验室工作前，务必检查安全应急设备和设施是否完备。化学实验室安全应急设备和设施一般包括化学品相关的 MSDS、化学品泄漏吸附用品、通风设备、消防火灾报警系统、逃生应急指示设备、洗眼器及应急喷淋装置、灭火器、消火栓、灭火毯、沙箱和逃生自呼吸器、逃生缓降器。实验室配备的安全应急设备见图 8-1。

进入化学实验室工作前，先确保对化学品的 SDS(safety data sheets)，即安全技术说明书了解清楚，了解化学品特性，采取必要的防护措施，严格按照实验规程进行操作，需要通风操作的药品和反应务必要在通风橱中操作。

洗眼器、应急喷淋是在实验人员身体沾染化学品、着火等紧急情况下用于喷淋洗眼及身体部位等的应急设备，它可以暂时减缓有害物质对身体的侵害，待稳定后须进一步处理和治疗。

当化学品发生泄漏时，可及时用吸附棉块等物品围漏、密封处理，防止其进一步产生危害；急救药箱常年配备医用酒精、碘伏、创可贴、烫伤膏、棉签和绷带等医用急救物品。

消防灭火器中干粉灭火器一般用于扑救易燃、可燃固体引起的火灾；泡沫灭火器用于扑救油制品、油脂等引起的火灾；二氧化碳灭火器则用于扑救精密仪器、电气设备引起的火灾。易燃液体和其他不能用水灭火的危险品(如金属钠等)着火可用沙子来扑灭。灭火毯可用于火灾初期的隔氧灭火，还可作为及时逃生用的防护物体，由于灭火毯具有防火隔热的特性，在逃生中可给人体以掩护。

逃生自呼吸器是一种保护人体呼吸器官不受外界有毒气体伤害的专用呼吸装置，利用滤毒罐内的药剂、滤烟元件，将火场空气中的有毒成分过滤掉，使其变为较为清洁的空

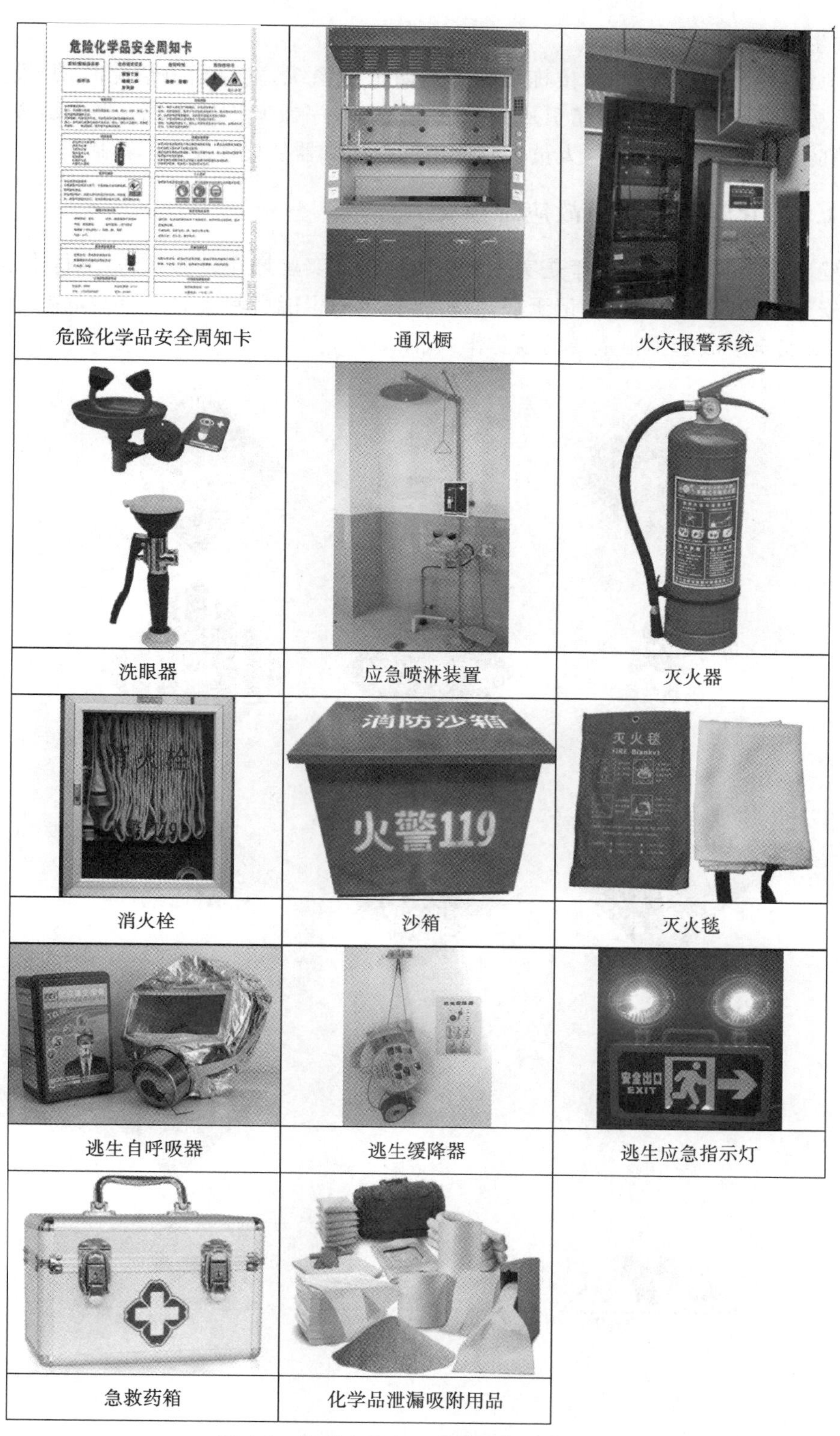

图 8-1　化学实验室配备的安全应急设备

气,供逃生者呼吸用。

应急设备配备合格的实验楼栋都配有消防报警系统,发生紧急情况时,警报声会响起,人员按照逃生应急指示灯指引从安全通道出口有序撤离;当实验室、楼内出现大面积火灾,消防安全通道被阻挡时,人员需要使用逃生缓降器从楼外安全降落撤离。

8.1.2 化学实验室事故应急预案

实验室安全至关重要,不管是实验前期防护还是实验操作过程,都容不得半点马虎。实验室安全常识需要每个人牢记于心,实验室安全标识能引起实验人员对危险源的注意和防范,对安全事故起到很重要的预防作用(图 8-2)。

图 8-2 实验室常见警示标识

化学实验室内要求张贴实验室事故应急预案(图 8-3),在进入实验室时,实验人员首先要阅读事故应急预案,了解事故发生后的应急程序,包括如何报警、控制灾害、疏散、急救等。实验室事故应急预案又称实验室应急计划,是针对可能发生的重大事故或灾害,为保证迅速、有序、有效地开展应急与救援行动、降低事故损失而预先制订的有关计划和方案。它是在辨识和评估重大危险、事故类型、发生的可能性、发生过程、事故后果及影响严重程度的基础上,对应急机构与职责、人员技术,装备、设施(备)、物资、救援行动及其指挥与协调等方面预先做出的具体安排。它明确了在突发事件发生前、发生过程中以及结束后,负责人应采取的相应策略和资源准备等。

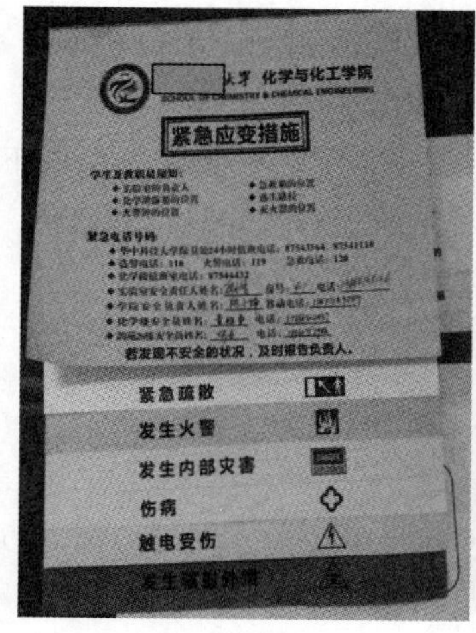

紧急应变措施

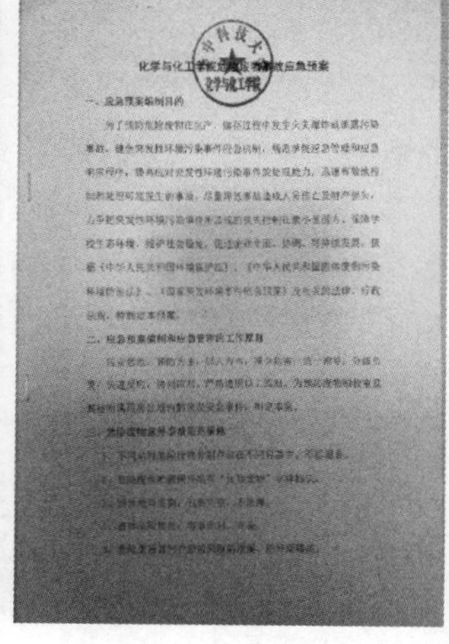
突发事故应急预案

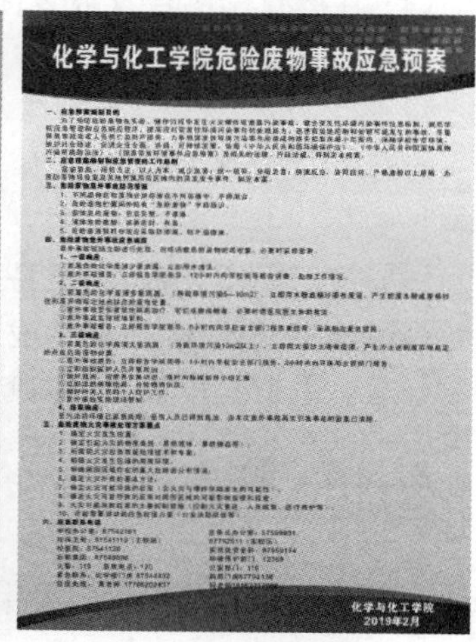

实验室废弃物应急预案

图 8-3 化学实验室中张贴的事故应急预案文件

根据“迅速、高效、有序地做好危险化学品事故应急抢救救灾工作,最大限度减少人员伤亡和财产损失,以人为本,安全第一;以防为主,防救结合;充分准备,快速反应;统一指挥,分级负责”的原则,成立实验室安全及危险化学品事故应急领导小组,负责贯彻关于危险化学品实验及化学品事故应急救援工作的政策、法规及工作部署;指挥和协调化学实验室事故应急救援;调查、研究、分析、判断和预防事故安全隐患;检查和督促实验室隐患的日常整改,建立协同应急救援方案;建立应急响应、报警、救援、应急解除和后期处置等机制。

8.2 化学实验室常见事故发生及原因分析

化学实验室因化学试剂使用量大、检测设备多、人员流动性大,一旦管理不善可能造成一些安全事故,常见的事故包括火灾、爆炸、触电、淹水、中毒和化学品灼伤等。

8.2.1 火灾

火灾事故的发生具有普遍性，几乎所有的实验室都可能发生。绝大多数情况下，实验室的火灾是由设施维护不及时或实验人员操作不当所导致的，典型的原因有以下几种。

(1) 忘记关电源，致使设备或用电器通电时间过长，温度过高，引起火灾。

(2) 实验操作不慎或药品使用不当，使火源接触易燃物质。

(3) 供电线路老化，或违规接线造成超负荷运行，导致线路发热并着火。

(4) 易燃化学品保存或者使用不当，遇电火花引起火灾。

8.2.2 爆炸

爆炸性事故多发生在具有易燃易爆物品和压力容器的实验室，常见的原因有以下几种。

(1) 违反操作规程，引燃易燃易爆物品，进而导致爆炸。

(2) 设备老化、存在故障或缺陷，造成易燃易爆物品泄漏遇火花引起爆炸。

(3) 粉尘引起爆炸，气体泄漏引起爆炸。

8.2.3 触电

化学实验室内用电器较多，几乎所有实验室都有可能发生触电危险。常见原因有以下几种。

(1) 违反操作规程，乱拉电线等。

(2) 因设备设施老化而存在故障和缺陷，造成漏电触电。

(3) 装有电路的实验室外墙、密封水管等漏水、渗水。

8.2.4 淹水

化学实验室涉及水的操作很多，淹水事故有很大可能会发生，常见原因有以下几种。

(1) 实验室下水管堵塞，导致废水无法及时排出并溢出。

(2) 供水管因老化、腐蚀或气温骤变等原因突然破裂。

(3) 消防水管泄漏。

(4) 人为因素导致循环水管安装不当或实验后没有及时关水。

8.2.5 中毒和化学品灼伤

中毒和化学品灼伤事故多发生在使用危险化学品的实验室，尤其是在使用腐蚀性强、剧毒物质的实验过程中，常见原因有以下几种。

(1) 违反操作规程将食物带进实验室，误食化学品。

(2) 化学品泄漏或有毒气体聚集。

(3) 管理不善，危险废弃物随意丢弃或排放。

(4) 实验人员不了解危险化学品的性质，操作不规范导致误伤。

8.3 化学实验室紧急事故处理方法

针对火灾、爆炸、触电、淹水、中毒、化学灼伤等不同类型的实验室事故，实验室事故应急预案会有不同的现场处理措施和方法，实验室平时应配备必要的应急设施和药品，对实验人员进行应急处置和急救知识的培训。

8.3.1 火灾应急处置

(1) 实验室发现火情，现场人员立即采取处理措施，防止火势蔓延并迅速报告；火灾中对人员威胁最大的是烟雾，因此在火灾初发阶段，应采取用湿毛巾捂住口鼻低姿势从安全通道撤离。

(2) 确定火灾发生的位置，判断火灾发生的原因，如压缩气体、液化气体、易燃液体、易爆物品、自燃物品等。

(3) 明确火灾周围环境。判断是否有重大危险源分布及是否会带来次生灾难。当打开房门闻到燃气气味时，要迅速打开门窗通风，以防止引起更大的火灾。

(4) 明确救灾的基本方法，并采取相应措施。若实验室物品着火，按照应急处置程序，采用适当的消防器材进行扑救；若身上着火，可以就地打滚，用厚重衣物或者灭火毯覆盖压灭火苗，并用大量水冲洗的方式灭火(图 8-4)。

图 8-4 实验室化学品火灾的扑救

(5) 依据可能发生的危险化学品事故类别、危害程度级别，划定危险区，对事故现场周围区域进行隔离和疏导。

(6) 视火情拨打 119 报警求救，并到明显位置引导消防车。

8.3.2　爆炸应急处置

(1) 实验室发生爆炸时,实验室负责人或安全员在其认为安全的情况下必须及时切断电源和管道阀门。

(2) 所有人员应听从临时召集人的安排,有组织地通过安全出口或用其他方法迅速撤离爆炸现场。

(3) 应急预案领导小组负责安排抢救工作和人员安置工作。

8.3.3　触电应急处置

触电急救的原则:在现场积极采取措施保护伤员生命。

(1) 首先要使触电者迅速脱离电源,越快越好,触电者未脱离电源前,救护人员不准用手直接触及伤员。

(2) 使伤者脱离电源的方法:①切断电源;②若电源开关较远,可用干燥的木棒、竹竿等挑开触电者身上的电线或带电设备;③可用几层干燥的衣服将手包住,或者站在干燥的木板上,拉触电者的衣服,使其脱离电源(图 8-5)。

图 8-5　实验室触电急救

(3) 触电者脱离电源后,应观察其神志是否清醒,神志清醒者,应使其就地躺平。神志不清醒者,不能盲目拍打,等待医护人员救治。

8.3.4　淹水应急处置

若发现实验室出现淹水,不能马上进入实验室,应采取下列措施。

(1) 先立即关闭电闸。

(2) 在进入实验室前应戴好绝缘手套穿好胶鞋,穿戴防护用品进入实验室查看水势和水位，转移遇水反应的化学品、接触水的用电器等。

(3) 将排水地漏和管道疏通，将实验室积水排泄干净。

(4) 告知管理员查看楼下实验室是否有天花板渗水。

(5) 打开电闸，开启实验室空调和除湿机，保持通风，等实验室地面角落等各处彻底干燥后才能开始实验。

8.3.5 中毒应急处置

实验中若感觉咽喉灼痛、嘴唇脱色或发绀，腹部痉挛或恶心呕吐等，则可能是中毒所致。视中毒原因施以下述急救措施后，立即送医院，不得延误(表 8-1)。

(1) 首先将中毒者转移到安全地带。解开领扣，使其呼吸通畅，让中毒者呼吸到新鲜空气，并尽可能了解导致中毒的物质。

(2) 误服毒物中毒者须立即催吐、洗胃及导泻。若患者清醒且能配合，宜饮大量清水引吐，也可用药物引吐。对引吐效果不好或昏迷者，应立即送医院洗胃。孕妇应慎用催吐救援。

(3) 重金属盐中毒者，可以喝一杯含有少量 $MgSO_4$ 的水溶液，并立即就医。不要服催吐药，以免引起危险或使病情复杂化。砷和汞化物中毒者，必须紧急就医。

(4) 吸入刺激性气体中毒者，应立即将患者转移，离开中毒现场，给予 2%～5%碳酸氢钠溶液雾化吸入，同时吸入氧气。气管痉挛者应酌情给解痉挛药物雾化吸入。应急人员一般应配备过滤式防毒面罩、防毒服装、防毒手套、防毒靴等。

表 8-1 常见化学品毒害的处理方法

毒 害 品	解毒急救措施
有毒气体	应将中毒者移至空气清新且流通的地方进行人工呼吸，嗅闻解毒剂蒸气并输氧；二氧化硫、氯气刺激眼部，用 2%～3%的碳酸氢钠水溶液充分洗涤；咽喉中毒用 2%～3%的碳酸氢钠水溶液漱口，或吸入碳酸氢钠水溶液的热蒸汽，并饮用热牛奶或 1.5%的氧化镁悬浮液。(硫化氢中毒者禁止口对口人工呼吸)
酸	立即服用氢氧化铝膏、牛奶、豆浆、鸡蛋清、花生油等洗胃，忌用小苏打(因产生二氧化碳气体可增加胃穿孔的危险)
碱	立即服用柠檬汁、橘汁或 1%的硫酸铜溶液以引起呕吐；生物碱中毒，可灌入活性炭水溶液以催吐
汞化合物	急性中毒早期时用饱和碳酸氢钠溶液洗胃，或立即饮用浓茶、牛奶、鸡蛋清，喝麻油。立即送医院救治
苯	误入消化系统者，内服催吐剂引起呕吐，洗胃，对吸入者进行人工呼吸、吸氧
酚	口服者给服植物油 15～30 mL，催吐，后温水洗胃至呕吐物无酚气味为止，再给硫酸钠 15～30 mL。消化道已有严重腐蚀时勿进行上述处理

续表

毒 害 品	解毒急救措施
氟化物	早期给服2%的氧化钙催吐
氰化物	(1) 一般处理:催吐,洗胃可用1∶2000高锰酸钾、5%硫代硫酸钠或1%~3%过氧化氢。口服拮抗剂,保持体温,尽快给氧,镇惊止痉,给呼吸兴奋剂以及在必要时保持人工呼吸直至呼吸恢复,同时进行静脉输液,维持血压等对症治疗。一旦确诊应该尽快服用特效解毒药。 (2) 特效解药:①硫代硫酸钠;②亚硝酸盐;③美蓝;④含钴化合物
磷化物	磷化物毒品有磷化氢、三氯化磷、五氯化磷等。误吸入时马上用0.1%的硫酸铜溶液催吐,洗胃后用缓泻剂如硫酸镁。严禁饮用脂肪。在操作磷的工作场所,应佩戴用5%硫酸铜润湿的口罩
砷化合物	砷化物毒性特别强,如As_2O_3、As_2S_3、$AsCl_3$、$H_3As_2O_3$等。误吸入时用炭粉及25%的磷酸铁和0.6%的氧化镁混合洗胃,再服用食糖
钡化合物	误服时,用炭粉及25%硫酸钠溶液洗胃

8.3.6 化学品灼伤的应急处理

当化学品接触皮肤或喷溅到身上时,应采取应急措施。

(1) 迅速脱去或剪去污染的衣服,创面立即用大量流动清水或自来水冲洗,冲洗时间一般为20~30 min,以充分去除及稀释化学物质,阻止化学物质继续损伤皮肤和经皮肤吸收。

(2) 头面部化学灼伤时要注意眼、鼻、耳、口腔的情况,如发生强酸溅入眼内时,应立即用大量清水或生理盐水彻底冲洗,冲洗时必须将上下眼睑拉开,水不要流经未伤的眼睛,不可直接冲洗眼球。

(3) 皮肤接触热的化学物质发生灼伤时,由于真皮的破坏及局部充血等原因,毒物很容易被吸收,特别是通过皮肤吸收且灼伤面积较大时,吸收更快,可在10 min内引起全身中毒,例如,热的苯胺、对硝基氯苯等可迅速形成高铁血红蛋白血症,有的在数小时内即可出现全身中毒,例如氢氟酸、黄磷、酚、氯化钡灼伤引起的氟中毒、磷中毒、酚中毒、钡中毒等。

(4) 当误服强酸导致消化道烧灼痛时,为防止进一步加重损伤,不可催吐,可口服牛奶、鸡蛋清、植物油等;发生强碱灼伤消化道时,应立即去除残留强碱,再以流动清水冲洗,消化道被灼伤可适当服用一些牛奶、鸡蛋清;发生酚灼伤皮肤时,应立即脱掉被污染衣物,用10%酒精反复擦拭,再用大量清水冲洗,至无酚味为止,然后用饱和硫酸钠湿敷;皮肤被黄磷灼伤时,应及时脱去污染的衣物,并立即用清水(由五氧化二磷、五硫化磷、五氯化磷引起的灼伤禁用水洗)或5%硫酸铜溶液或3%过氧化氢溶液冲洗,再用5%碳酸氢钠溶液冲洗,中和所形成的磷酸,然后用1∶5000高锰酸钾溶液湿敷,或用2%硫酸铜溶液湿敷;氢氟酸灼伤皮肤后,先立即脱去被污染的衣物,用大量流动清水彻底冲洗后,再用肥皂水或 2%~5%碳酸氢钠冲洗,然后用葡萄糖酸钙软膏涂敷按摩,最后涂以 33%氧化镁甘油糊剂、维生素 AD 或可的松软膏等(图 8-6)。

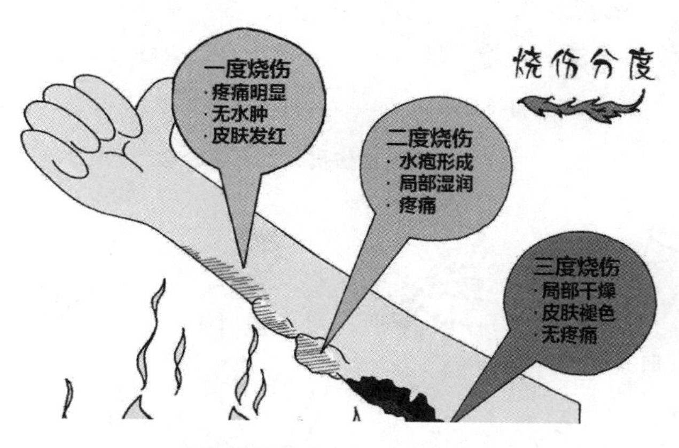

图 8-6 实验室化学灼伤分级

(5) 烧伤创面污染严重,或二度烧伤面积在 5%以上者,按常规使用破伤风抗毒素 1500 U(需皮试),抗感染应选用抗生素。

8.3.7 伤员急救

伤员急救方法通常有人工心肺复苏急救法,分为两个方面:一是口对口(鼻)人工呼吸,使肺部扩张和收缩,吸进氧气供到血液;二是胸外心脏按压,使心脏发挥“泵”作用,把含氧的血液送到大脑和全身。两种方法联合使用,相辅相成。

当事故导致伤员呼吸停止,但心跳尚存,应施行口对口人工呼吸,具体操作步骤如下(图 8-7、图 8-8)。

(1) 先使伤者仰卧,解开衣领、围巾、紧身衣服等,除去口腔中的黏液、血液、食物、假牙等杂物。

(2) 将伤者头部尽量后仰,鼻孔朝天,颈部伸直。救护人一只手捏紧触电者的鼻孔,另一只手掰开触电者的嘴巴。

(3) 吹气时要捏紧鼻孔,紧贴嘴巴,不能漏气,放松时应能使伤者自动呼气。

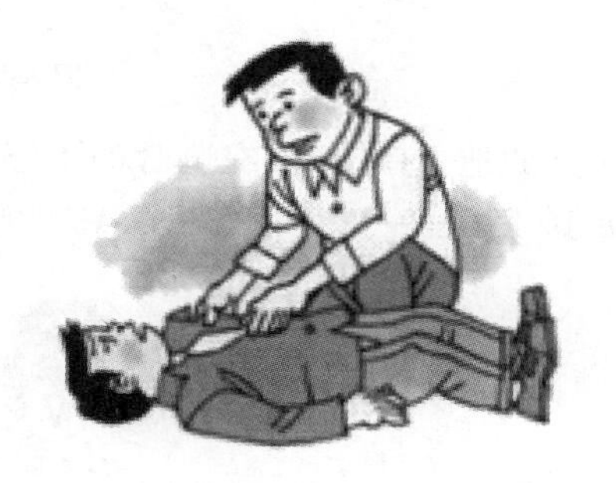

图 8-7 实施急救前使伤者平躺仰卧

(4) 如伤者牙关紧闭,无法撬开,可采取口对鼻吹气的方法。

(5) 对体弱者和儿童吹气时用力应稍轻,以免肺泡破裂。

如伤者心跳停止,但呼吸尚存,应采取人工胸外按压心脏法,具体步骤如下(图 8-9)。

(1) 解开伤者的衣物,清除口腔内异物,使其胸部能自由扩张。

(2) 使伤者仰卧,姿势与口对口吹气法相同,但背部着地处的地面必须牢固。

(3) 救护人员位于伤者一边,最好是跨跪在伤者的腰部,将一只手的掌根放在心窝稍

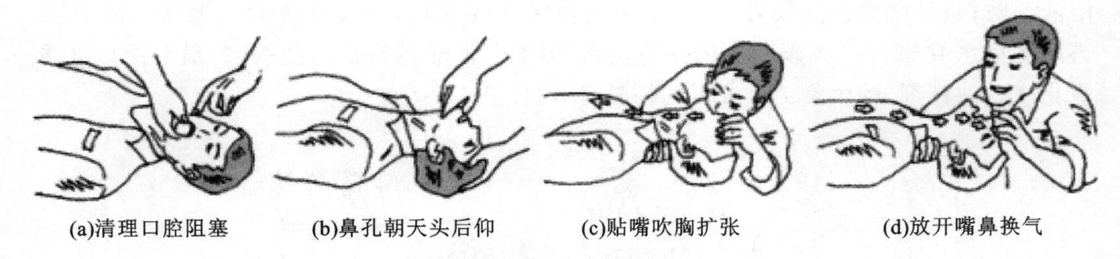

图 8-8 实验室伤员人工呼吸急救

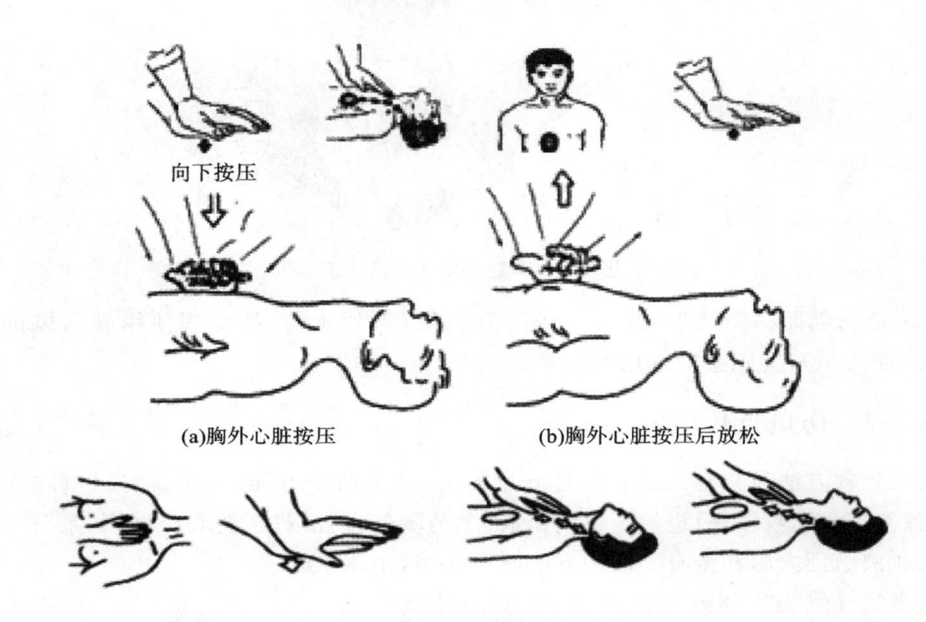

图 8-9 人工胸外挤压心脏法

高一点的地方(掌根放在胸骨的下三分之一部位),中指指尖对准锁骨间凹陷处边缘,如图 8-10 所示,一只手压在另一只手上,呈两手交叠状(对儿童可用一只手)。

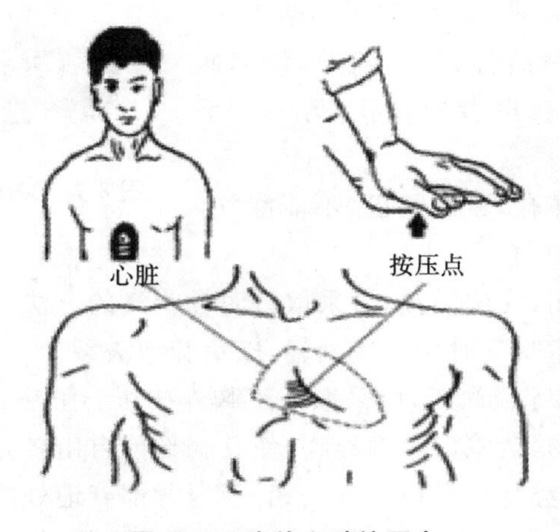

图 8-10 胸外心脏按压点

(4) 救护人员找到伤者的正确按压点后，自上而下，垂直均衡地用力挤压，压出心脏里面的血液，注意用力适当。

(5) 挤压后，掌根迅速放松(但手掌不要离开胸部)，使伤者胸部自动复原，心脏扩张，血液又回到心脏。口诀：掌根下压不冲击，突然放松手不离；手腕略弯压一寸，一秒一次较适宜。

若呼吸及心跳均停止，则两种方法同时应用，先胸外按压心脏 4～6 次，然后口对口呼吸 2～3 次，再按压心脏，反复循环进行操作。

8.4 化学实验室事故案例分析

8.4.1 危化品安全——北京市某大学实验室爆炸事故

事故经过：2018 年 12 月 26 日，北京市某大学实验室内学生进行垃圾渗滤液污水处理科研实验时发生爆炸。11 时，记者赶到现场能闻到刺鼻气味，北京 120 急救中心表示，现场发现尸体。15 时，经核实，事故造成 3 名参与实验的学生死亡。同日晚，该学院官方网页变成灰色调，首页显示“沉痛哀悼环境工程专业三名遇难学生”(图 8-11)。

图 8-11 北京市某大学实验室爆炸事故

事故原因：使用搅拌机对镁粉和磷酸混合过程中，料斗内产生的氢气被搅拌机转轴处金属摩擦、碰撞产生的火花点燃爆炸，继而引发镁粉粉尘爆炸，爆炸引起周边镁粉和其他可燃物燃烧，造成现场 3 名学生死亡。事故调查组同时认定，该大学有关人员违规开展实验、冒险作业；违规购买、违法储存危险化学品；对实验室和科研项目安全管理不到位。

安全警示：

(1) 全方位加强实验室安全管理。完善实验室管理制度，实现分级分类管理，加大实验室基础建设投入；明确各实验室开展实验的范围、人员及审批权限，严格落实实验室使用登记相关制度；结合实验室安全管理实际，配备具有相应专业能力和工作经验的人员负责实验室安全管理。

(2) 全过程强化科研项目安全管理。健全学校科研项目安全管理各项措施，建立完

备的科研项目安全风险评估体系，对科研项目涉及的安全内容进行实质性审核；对科研项目实验所需的危险化学品、仪器器材和实验场地进行备案审查，并采取必要的安全防护措施。

(3) 全覆盖管控危险化学品。建立集中统一的危险化学品全过程管理平台，加强对危险化学品的购买、运输、储存和使用管理；严控校内运输环节，坚决杜绝不具备资质的危险品运输车辆进入校园；设立符合安全条件的危险化学品储存场所，建立危险化学品集中使用制度，严肃查处违规储存危险化学品的行为；开展有针对性的危险化学品安全培训和应急演练。

8.4.2 消防安全——江苏省某大学实验室火灾事故

事故经过：2019 年 2 月 27 日 0 时 42 分江苏省某大学一实验室发生火灾，学校报警后，119、110 迅速到场。因为火势蔓延迅速，整栋大楼几乎都浓烟滚滚，9 辆消防车、43 名消防员到达现场，用水枪喷射明火并且降温，1 时 30 分火被扑灭。实验楼外墙面被熏黑，窗户破碎，警方及学校保卫部门封锁现场。火灾烧毁 3 楼热处理实验室内办公物品，并通过外延通风管道引燃 5 楼顶风机及杂物，当时没有人在大楼内，所幸无人员伤亡（图 8-12）。

图 8-12　江苏省某大学实验室火灾事故

事故原因：实验室人员离开后未检查实验室的水、电、气，导致夜间实验室未关闭电源，造成电路火灾，由于无人值守，火灾大面积蔓延。

安全警示：

(1) 实验时涉及有毒、易燃易爆、易产生严重异味或易污染环境的操作应在专用设备内进行；注意水、电、气的使用安全。

(2) 实验结束后，最后一个离开实验室的人员必须检查并关闭整个实验室的水、电、气和门窗。

8.4.3 个人防护安全——上海市某大学生物实验室爆炸事故

事故经过：2016 年 9 月 21 日，上海市某大学化学化工与生物工程学院一实验室发生爆炸事故，2 名学生受重伤(图 8-13)。

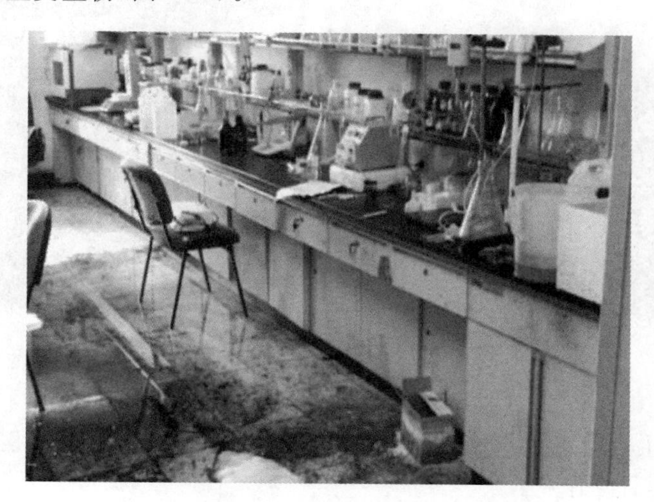

图 8-13　上海市某大学生物实验室爆炸事故

事故原因：实验过程中用到了浓硫酸、浓硝酸等危险化学品，在添加高锰酸钾时未控制温度在 5 ℃，瞬间发生了爆炸。实验爆燃致使化学试剂(高锰酸钾、硫酸等)灼伤头、面部和眼睛。

安全警示：

(1) 各实验室责任人应将加强实验人员安全意识作为一项常规工作，定期进行安全教育和培训；实验时应按照规范进行实验操作，严禁独自一人在实验室做实验，更不得在实验进行中途离开实验室。

(2) 实验人员做实验前一定要了解实验原理，明确实验风险，做好预习准备工作，了解实验所用试剂的理化性质，熟悉仪器设备的性能及操作规程，做好安全防范工作。

(3) 进入实验室要做好必要的个人防护，特别注意危险化学品、易燃易爆、辐射、生物危害、特种设备、机械传动、高温高压等对人体的伤害。

8.4.4　气瓶使用安全——北京市某大学实验室爆炸事故

事故经过：2015 年 12 月 18 日，北京市某大学化学系实验室发生一起爆炸事故，事故造成 1 名正在做实验的孟姓博士后当场死亡，一个氢气钢瓶发生爆炸，爆炸点距离孟姓博士后的操作台 2～3 m，钢瓶为底部爆炸，火灾发生后，楼内师生及时组织撤离，周围人员得以有效疏散(图 8-14)。

事故原因：

(1) 直接原因：事发实验室储存的危险化学品叔丁基锂燃烧发生火灾，引起存放在实验室的氢气气瓶在火灾中发生爆炸。

(2) 间接原因：违规存放危险化学品，违规使用易燃易爆、压力气瓶，《危险化学品安全管理规定》《实验室气瓶安全管理规定》等实验室安全管理制度未落实；实验室安全管理不到位，学生安全意识淡薄。

图 8-14　北京市某大学实验室爆炸事故

安全警示：

(1) 强化师生安全意识，牢固树立“安全第一，以人为本，关爱生命”安全理念，坚决杜绝违规开展实验，冒险作业。

(2) 严格落实实验室安全管理制度，实验室安全管理要做到位，落实到实验的每个细节。

8.4.5　剧毒化学品安全——上海市某大学投毒事故

事故经过：2013 年 4 月 16 日，上海市某大学 1 名博士生黄某因中毒导致多器官功能衰竭，被发现时第一时间送往医院，最终救治无效死亡(图 8-15)。

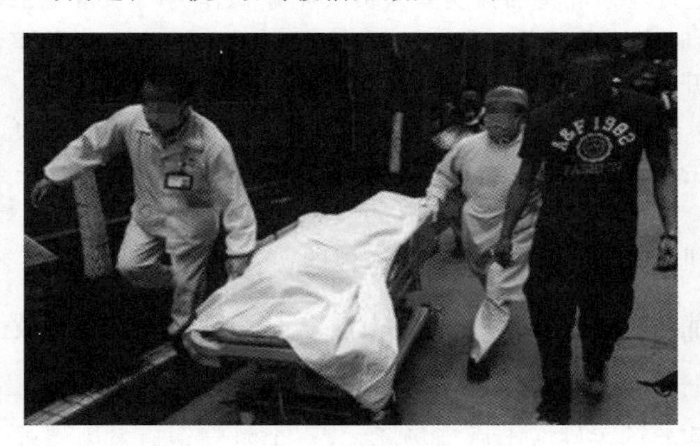

图 8-15　上海市某大学投毒事故

事故原因：室友闹矛盾，林某在饮水机中投入 N-二甲基亚硝胺，造成黄某中毒。

安全警示：

(1) 实验室应规范剧毒化学品管理，严格入库验收，出库核对，及时登记领用人，用品及剂量，更新台账。

(2) 实验室应设立剧毒物品保管专用保险柜，实行双人双锁，并安装监控设备。

8.4.6　特种设备安全——江苏省某大学实验室甲醛泄漏事故

事故经过：2012 年 2 月 15 日下午 2 点左右，江苏省某大学化学楼 6 楼实验室发生甲醛泄漏事故。警车和消防车紧急赶到现场，与该校有关专家一起处置事故。半个小时后消防车离开现场，聚集在楼下的约 200 名师生开始回到楼内，事故中不少学生喉咙痛、流眼泪，感觉不适，但未出现人员伤亡(图 8-16)。

图 8-16 江苏省某大学实验室甲醛泄漏事故

事故原因：据了解，甲醛是实验的合成物质，保存在一个容积为 2～3 L 的反应釜中时发生泄漏，当时 1 名老师正在这间实验室里进行实验，但是中途出去了 2～3 min，就在这段时间内发生了泄漏事故，这名做实验的老师中途离开的行为违反了实验规定，学校按规定进行了处理。

安全警示：

(1) 学校的危险化学品及容器应当严格执行检测和年检规定。

(2) 实验时应当严格检查，将反应釜盖子拧紧，否则气体易发生泄漏。

(3) 发生意外情况时，严格执行应急处置流程，尽快采取应急措施，避免出现严重后果。

习题

习题答案

一、判断题

1. 当发生强碱溅洒事故时，应用固体硼酸粉撒盖溅洒区，扫净并报告有关工作人员。(　　)

2. 若发现水泵漏水，可以不用切断电源，待实验完毕后再报修。(　　)

3. 做危险化学实验时应佩戴眼镜进行防护，隐形眼镜也可以。(　　)

4. 中毒事故中救护人员进入现场，应先抢救中毒者，再采取措施切断毒物来源。(　　)

5. 有机溶剂能穿透皮肤进入人体，应避免直接与皮肤接触。(　　)

二、选择题

1. 实验室电器发生火灾，在没有灭火器的情况下应首先(　　)。

A. 用水扑救　　B. 用灭火毯包裹　　C. 切断电源　　D. 用沙盘灭火

2. 有机物或能与水发生剧烈化学反应的药品着火，应用(　　)灭火，以免扑救不当造成更大损害。

A. 其他有机物　　B. 自来水　　C. 合适的灭火器或沙子

3. 强碱烧伤处理错误的是(　　)。

A. 立即用稀盐酸冲洗　　B. 立即用1%～2%的醋酸冲洗

C. 立即用大量水冲洗　　D. 先进行应急处理,再去医院处理

4. 试剂或异物溅入眼内,处理措施正确的是(　　)。

A. 溴:大量水洗,再用1% $NaHCO_3$ 溶液洗

B. 酸:大量水洗,再用1%～2% $NaHCO_3$ 溶液洗

C. 碱:大量水洗,再以1%硼酸溶液洗

D. 以上都对

5. 以下是溴灼伤处理方法,其顺序应为(　　)。

①送医院　②立即用大量水洗　③用乙醇擦至灼伤处为白色

A. ②③①　　B. ②①③　　C. ③②①　　D. ①②③

6. 当不慎把大量浓硫酸滴在皮肤上时,正确的处理方法是(　　)。

A. 用酒精棉球擦

B. 不做处理,马上去医院

C. 用碱液中和后,用水冲洗

D. 以吸水性强的纸或布吸去后,再用水冲洗

主要参考文献

[1] 北京大学化学与分子工程学院实验室安全技术教学组. 化学实验室安全知识教程[M]. 北京:北京大学出版社,2012.

[2] 徐烜峰,李维红,边磊,等. 高等院校化学实验室废弃物问题的思考[J]. 大学化学,2018,33(4):41-45.

[3] 邓吉平,李羽让,李勤华,等. 实验室化学废弃物安全管理的探索与实践[J]. 实验室研究与探索,2014,01:283-286.

[4] 兰景凤,俞娥. 高校化学实验教学中产生的化学废物的回收及处理[J]. 大学化学,2016,31(8):71-75.

[5] 叶宪曾,张新祥. 仪器分析教程[M]. 2 版. 北京:北京大学出版社,2007.

[6] 孟令芝,龚淑玲,何永炳. 有机波谱分析[M]. 2 版. 武汉:武汉大学出版社,2003.

[7] 苑乃香,谢东坡. 化学实验突发安全事故的预防及应对措施研究[J]. 实验室科学,2009,02:170-172.